U0944526

## 本书编写组

主编：钟杨

副主编：王奎明

各章编写成员：

第一章：钟杨

第二章：黄奕雄　王雨涵

第三章：韩舒立　杨树飞

第四章：王健　郑浩

第五章：殷航

第六章：王奎明

# 中国城市居民环保态度蓝皮书

**2020**

钟杨 主编

王奎明 副主编

上海人民出版社

# 目　录

# 第一章　绪　　论

人类社会的发展伴随着对自然资源的巨大消耗和生态的破坏，由此引发了一系列环境灾害，并间接对国民经济和社会发展产生了消极影响。作为世界上最大的发展中国家，中国经济的快速发展也伴随着巨大的生态与环境牺牲。为此，中国政府多次指出要进一步扭转生态环境恶化的趋势，推进生态文明建设。2015 年 10 月，习近平总书记提出“创新、协调、绿色、开放、共享”五大新发展理念，为我国“十三五”期间乃至之后的发展指明了方向。2018 年 5 月，在全国生态环境保护大会上，习近平进一步提出加强生态文明建设必须坚持的六大原则：“坚持人与自然和谐共生、绿水青山就是金山银山、良好生态环境是最普惠的民生福祉、山水林田湖草是生命共同体、用最严格制度最严密法治保护生态环境、共谋全球生态文明建设”。[①]习近平生态文明思想中所彰显的科学自然观、绿色发展观、基本民生观、整体系统观、法治观和全球观使我国生态文明建设的顶层设计得到了完善。而中国的新发展理念及生态文明观也与联合国设立的可持续发展目标不谋而合，中国的环境保护经验和方案也将进一步促进全球生态文明治理。

在习近平“绿水青山就是金山银山”理念的指导下，各级党和政府开展一系列污染防治攻坚战，取得一些显著的成效。比如在空气

① 习近平：《推动我国生态文明建设迈上新台阶》，求是网，2019 年 1 月 31 日，http://www.qstheory.cn/dukan/qs/2019-01/31/c_1124054331.htm。

污染治理方面,根据《中国生态环境状况公报》报道,自 2013 年以来,全国空气质量稳步改善,主要的标志是 PM2.5 污染物逐年减少(见表 1.1)。2013 年全国每日平均 PM2.5 污染物是每立方米 72 微克,按照中国的标准是良的水平。但到了 2018 年全国每日平均 PM2.5 污染物就降到每立方米 39 微克,达到中国制定的优的标准。这一改善也反映在四个直辖市中。北京和天津是中国空气污染比较严重的城市,这两座城市在 2013 年到 2018 年期间也在改善 PM2.5 方面有很大进步。北京和天津从 2013 年平均污染物每立方米近 90 微克降到 2018 年平均每立方米 51 和 52 微克。另外一组数据也印证了近年来中国空气质量的改善。表 1.2 显示了全国和 4 个直辖市空气质量指数(Air Quality Index, AQI)达标天数比例。需要指出的是,AQI 测量的不只是 PM2.5 污染物,它是空气质量测量的一个综合性指标,包括的内容有二氧化硫、二氧化氮、PM10、PM2.5、一氧化碳和臭氧 6 项。从表 1.2 中可以看出,全国 AQI 达标率从 2013 年的平均 60%提升到接近 80%,提高了近 20 个百分点。从 4 个直辖市来看,重庆和天津进步最大。

**表 1.1　2013—2018 年国内 PM 2.5 年均变化情况统计**

(单位:$\mu g/m^3$)

| | 2013 年 | 2014 年 | 2015 年 | 2016 年 | 2017 年 | 2018 年 |
|---|---|---|---|---|---|---|
| 全国 | 72 | 62 | 50 | 47 | 43 | 39 |
| 北京 | 89.5 | 85.9 | 80.6 | 73 | 58 | 51 |
| 上海 | 62 | 52 | 53 | 45 | 39 | 36 |
| 天津 | 89 | 83 | 70 | 69 | 62 | 52 |
| 重庆 | 70 | 65 | 57 | 54 | 45 | 40 |

资料来源:2013—2018 年《中国生态环境状况公报》。

**表 1.2 2013—2018 年国内年均 AQI 统计**

| | 2013 年 | 2014 年 | 2015 年 | 2016 年 | 2017 年 | 2018 年 |
|---|---|---|---|---|---|---|
| 全国 | 60.5% | 66.6% | 76.7% | 78.8% | 78.0% | 79.3% |
| 北京 | 48.0% | 47.1% | 52.4% | 54.1% | 62.1% | 62.2% |
| 上海 | 67.4% | 77.0% | 72.1% | 75.4% | 75.3% | 81.1% |
| 天津 | 37.5% | 47.9% | 60.3% | 61.7% | 58.0% | 56.7% |
| 重庆 | 56.4% | 67.4% | 80.0% | 82.2% | 83.0% | 86.6% |

资料来源：2013—2018 年《中国生态环境状况公报》。

虽然客观数据显示中国环境污染在近年来有很大改善，民众的主观感知又是如何呢？另外，环境保护是一门跨专业的学科，因此，对于环境保护的研究也不限于地理、生物、化学、技术、法律、公共管理等内容。而从公共管理学科的角度出发，环境保护与民众的福祉息息相关，不仅需要自上而下的法律约束与治理，还需要自下而上社会各界的广泛支持与参与。在环境治理中民众的参与至关重要。首先，民众是环境污染直接的受害者，也就是说，民众是保护环境最重要的利益攸关者。正因为民众是环境污染的主要受害者，他们需要有高度的环保意识和一定的环保知识。只有这样，他们才能推动政府采取环境保护措施，监督政府是否真正实施了环保措施。其次，环境污染主要是人为造成的，这里面跟民众的生活方式和行为有着密切的关系，如绿色出行、节约用水用电、垃圾分类等等。民众只有环保意识和环保知识还不够，他们还要有环保的行动与决心。也就是说，解决环境污染问题一定要有民众的参与。要想改善环境质量，最根本的是要改变人的传统思维，进而改变人的行为。

基于上面的原因，上海交通大学民意与舆情研究中心从 2013 年以来连续四轮(2013 年、2015 年、2017 年和 2019 年)对中国主要城市居民的环保态度做跟踪调查，出版了系列《中国城市居民环保态度蓝皮书》。这是国内唯一一种此类调查，已经形成品牌效应。这次调查也是上海交通大学中国城市治理研究院资助的一个立项研究项目。通过多年的追踪调查，我们可以发现中国城市居民环保态度的变化过程，可以给政府有关部门制定环保政策提供民意的基础。追踪调查的重要条件是调查的方法和问题要高度一致，这样历轮调查才能有可比性，才能看到民众环保态度的走向。我们 2019 年最新一轮的调查采取了以往调查的方法和采用了历轮调查问卷中的多数问题。与历轮调查一样，本轮调查的对象依然是中国 35 个主要的城市，包括直辖市、省会城市(省会城市拉萨除外)和副省会城市的居民(包括流动人口)。我们采用国际先进的计算机辅助电话问卷调查系统(CATI)，对 35 座城市的居民进行了随机抽样和电话问卷调查，共随机抽取 3 508 个样本。调查维度包括:环境整体质量感知、政府环保绩效评价、民众环保意识测量，以及垃圾分类状况测评。

**表 1.3　调研城市**

| 1. 直辖市 | | | |
|---|---|---|---|
| 北　京 | 上　海 | 天　津 | 重　庆 |
| 2. 省会城市和副省级城市 | | | |
| 长　春 | 长　沙 | 成　都 | 大　连 |
| 福　州 | 广　州 | 贵　阳 | 哈尔滨 |
| 海　口 | 杭　州 | 合　肥 | 呼和浩特 |
| 济　南 | 昆　明 | 兰　州 | 南　昌 |
| 南　京 | 南　宁 | 宁　波 | 青　岛 |
| 沈　阳 | 深　圳 | 石家庄 | 太　原 |
| 武　汉 | 乌鲁木齐 | 西　宁 | 西　安 |
| 厦　门 | 银　川 | 郑　州 | |

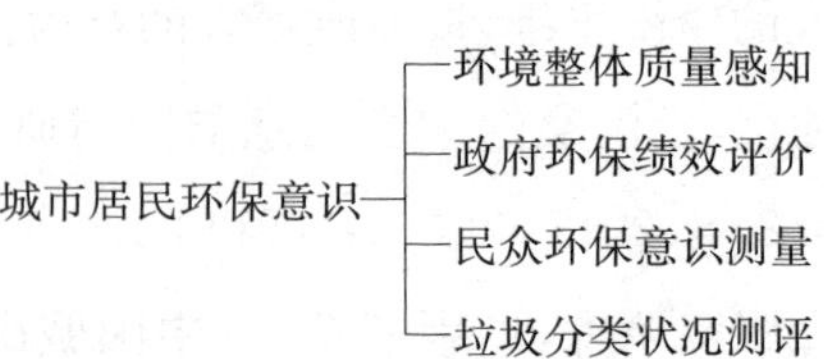


**图 1.1　本次调研测评维度**

《中国城市居民环保态度蓝皮书(2020)》共分为六章。第一章为绪论,综述蓝皮书出版的背景、意义和主要内容。第二章主要从民众主观角度对综合环境污染程度、水安全性和食品安全性这三个方面对我国城市环境污染状况进行总体评估,并将这次调查的结果与2017年调查的结果相比较。我们的调查得出以下几个发现。首先,在我们这次调查中有64.65%的城市居民认为我国城市污染有所减轻(分值处于1—5分;分值越高,污染越严重);而持相反观点的居民占全部被访人的27.05%。而在2017年,我们的调查数据显示,认为污染程度减轻和认为污染程度加重的人口占比分别为40.19%和58.64%。对比后发现,认为环境污染减轻的人数上升24.46%,而持相反观点的人数则下降31.59%。由此可见,民众对城市环境的满意度有了明显上升。从城市综合污染层面来看此次调查的排名结果显示南北差异相比上一次调查(2017年)更为明显。我国南方城市居民对环境的满意程度已经远远高于北方城市居民。其次,调查显示,就评分来看,有65.31%的城市居民对城市水安全持正面看法(6—10分,分数越高越安全),32.67%的居民持负面看法(1—5分,分数越低越不安全)。同2017年数据相比,城市居民中对水安全性持正面看法的人下降8.18%,而持负面看法的增长7.08%。由此可见,从居民的直观感受来看,我国35座主要城市的居民对水安全的满意度在过去两年中有所降低。从水安全城市排名来看,地理位置对城市居民的水安全评分有较大影响。水安全排名前十的城市大多位于南方且城市周边水系较为发达,例如宁波、南宁、杭州、贵阳、昆明、重庆、厦门和武汉等。但也有部分水系发达的城市水安全排名并不高,例如广州和济南。而西北部城市的水安全评分相对较低,例如兰州、西安和西宁。第三,从食品安全性的维度来看,有56.24%的居民认为我国城市中的食品是较为安全的(6—10分,评分越高,安全性越高),41.70%的人对食品安全呈负面看法(1—5分)。与2017年的数据相比,持正面看法的居民下降12.4%,而持负面看法的居民则增长

11.1%。排名较高(安全性较高)的城市大多位于我国的南方,例如宁波、南昌、南宁、贵阳、重庆和昆明等地。而排名靠后的城市以北方城市为主。总体来看,与2017年相比,我国城市居民对空气污染的改善有较大的感受,但对水的安全性和食品安全性方面的满意度有所降低。

我们的调查还发现,民众对环境污染的最主要担忧来自污染对其自身健康造成的伤害。本轮调查显示,有约三分之一的居民认为环境污染对他们的身体造成非常大的伤害或者一些伤害。这一比例同2017年的数据相比减少近两成。数据比例减少的原因可能与城市环境的改善相关。同时我们发现,有近一半的城市居民认为环境保护比经济发展更加重要,有相似的居民比例认为两者同样重要。同2017年的数据相比,认为环境保护比经济发展更重要的居民增长了近一成,而认为同等重要的居民占比也减少了一成。这说明,我国城市居民越来越强调环境保护的重要性大于经济发展。

在第三章中我们从三个方面了解居民对城市政府生态环境建设方面的主观意见。这三个方面分别是城市居民对政府环境治理综合评价(包括对环境治理需求和效果两个方面)、地方环境治理信息公开评价以及城市居民对中央和地方政府治理环境的信心调查。每部分结合经济社会人口的分析指标,探索其中对民众评价影响的关键因素。首先,调查显示,从总体来看,改善医疗条件、提高环境质量、增加教育投资,是城市居民当前关心的三大主要民生主题。尤其伴随着民众生活水平的提高,“治理环境污染”这个更具有公共性的民生需求,在调查中得到稍多支持。其次,本轮调查还发现2019年我国城市居民对于政府环境污染的治理效果评价达到历年来的最高水平,这在很大程度上说明我国近年来在环境污染治理方面取得扎实的成效。当然,各城市居民对当地政府治理环境的满意度依然有所差异。其中,在2019年的调查中,厦门、杭州、上海、南昌和西宁的受访者对当地政府环境治理的效果满意度比较高。

第三,综合四轮调查数据可以发现,总体上我国城市居民对于政府环境信息公开的评价是持续提升的,横向对比则发现,35 座受访城市之间政府环境信息公开程度的区域差距正在缩小。根据多轮调查结果,贵阳、济南、青岛、深圳、合肥等城市民众信息公开程度的评价比较稳定,而厦门、上海和乌鲁木齐等地不仅相对稳定而且民众普遍认可环境信息公开执行的现状。此外,年龄和学历一直是城市居民评价政府环境信息公开程度的重要影响因素。2019 年的调查再次显示,随着年龄的增长,民众愈加肯定政府信息公开的努力,与此相反,随着学历的提高,对当前政府信息公开的满意度则出现下降的趋势。

最后,关于城市居民对中央和地方政府环境治理的信心的调查,总体来说,统计数据显示出更加乐观的基本趋势。通过调查和分析发现,2019 年我国城市居民对于中央政府环境治理信心和地方政府环境治理信心都较强,其中对中央政府环境治理的信心略高于对地方政府环境治理的信心。对比 2015 年和 2017 年的调查,对中央政府和地方政府环境治理的信心情况有一定的改善。在对于中央政府环境治理信心和地方政府环境治理信心的影响因素方面,年龄、家庭收入水平、环境信息公开程度与城市居民对中央政府环境治理信心有关,年龄、家庭收入水平和环境信息公开程度与城市居民对地方政府的环境治理信心有关。

第四章的内容是调查分析我国城市居民的环保意识。环境意识主要包括环保自觉意识、环保志愿意识以及环保公民意识等三个维度。调查发现,我国城市居民的环保自觉意识、环保志愿意识和环保公民意识普遍比较强,不同城市之间的差异比较大。和以往多轮调查结果相似,本轮调查结果从总体上看同样呈现出明显的地域分布特征。东部城市如天津,在三项环保意识测评中都位列前茅,在环保自觉意识方面的得分大都高于平均值,这表明东部经济发达地区的城市居民更加能够意识到环境问题的紧迫性。

受调查居民的性别因素、收入因素与环保意识显著相关,年龄因素只与环保公民意识存在显著关联，学历因素与环保自觉意识、环保公民意识存在显著关联。在性别方面，女性在环保自觉意识、环保志愿意识以及环保公民意识三个维度上都显著高于男性，这与以往历次的调查结果相一致。收入因素虽然与环保意识的三个维度都呈现显著相关，即收入越高的城市居民环保意识越强。但收入因素相对性别因素更复杂一些，收入因素并不能显著影响城市居民的自带购物袋意识、环保贡献意愿、环保义工意识以及对烟花禁燃政策的支持度。在年龄方面，年龄因素与环保公民意识呈现微弱的正相关关系，表明年龄较大的群体更倾向于为了保护环境而接受国家对于自身私人生活的行为规制。

虽然通常收入越高的人群也是学历越高的群体，但学历因素与环保意识之间的关系却呈现出不同的特点。学历因素与环保志愿意识之间并不存在显著的相关关系。此外，学历因素与环保自觉意识呈现显著的正相关关系，即学历越高的城市居民环保自觉意识更强。但是，学历因素与环保公民意识却呈现显著的负相关关系，即学历越高的城市居民越不倾向于支持烟花禁燃政策和汽车限号政策，这与2017年的调查结果并不一致，这表明学历因素与环保公民意识之间的复杂关联会随着时间的推移而发生变化，需要进一步深入探寻其中的影响机制。

第五章的内容是关于垃圾分类和邻避态度。首先，从城市居民整体垃圾分类意愿的调查结果看来，当前我国城市居民对垃圾分类表现出充分的热情(90%以上的居民表示“非常愿意”或者“比较愿意”参与垃圾分类)，并对强制垃圾分类政策的未来推行状况普遍持乐观态度(83.3%的受访者认为强制垃圾分类的前景“非常”或“比较”乐观)。但同时调查也发现仍有大量居民对垃圾分类缺乏明确认识，且垃圾混装混运的现象也较为普遍。认为其所在城市垃圾分类效果不佳的调查对象占比也接近40%。其次，本轮调查的结果同样表明，垃圾分类存在明显的地域差异。一方面，南方城市和北方城市、沿海城市和内陆城市的经济发展以及城市治理水平的差异同样延伸到了垃圾分类领域。南方城市、沿海城市和风景旅游城市居民的垃圾分类意愿和对所在城市垃圾分类工作的评价要明显好于北方城市、内陆城市和工业城市；而另一方面，在进行过垃圾分类试点的城市和未进行过垃圾分类试点的城市之间，居民的垃圾分类态度同样存在差异。试点城市的居民虽然对当地垃圾分类工作评价较高，但由于种种原因，对垃圾分类政策的未来预期却低于没有进行垃圾分类试点的城市。

此外我们还发现，不同社会群体在垃圾分类方面同样存在明显差异：通常，女性比男性的环境亲和度更高，对垃圾分类的整体态度和政策预期也更加积极。年龄因素仅对垃圾分类态度的个别指标存在影响，其全局影响仍然相对有限。虽然学历与收入因素对居民垃圾分类态度的影响大致符合“学历越高、收入越高者垃圾分类态度越积极”的整体预期，但从具体区间的调查结果看来，也存在部分高学历、高收入区间的调查对象垃圾分类态度不升反降的现象。总的来说，个体特征对居民垃圾分类态度的影响还是符合既有理论预期的，但是其中出现的代表社会群体垃圾分类意识出现异化的特异值与极端值显然需要引起注意。

另外在邻避情结对居民垃圾分类意愿的影响方面，本轮调查结果表明，不同于人们的传统观点，公众并不是出于对垃圾焚烧厂等邻避设施的排拒心理而被迫支持强制垃圾分类。事实上，居民的垃圾分类态度和对邻避设施的接受程度都受到其环境意识的影响。环保意识较强的调查对象，不仅对垃圾分类持积极态度，而且与普通受访者相比，更愿意理性地看待垃圾焚烧厂引发的邻避问题，并可以在一定的前置条件（例如采用先进技术、动态公开运行状况）下接受其建在自家后院。由此可见，提升公众的环保意识，不仅可以提升其参与垃圾分类等环境治理活动的积极性，也有助于为邻避设施选址规划等的环境问题治理的社会成本分担协商创造良好的政社沟通条件。

根据调查发现,在第六章我们提出了一些政策建议。我们的调查数据表明,当前公众对环境质量、政府环保工作评价的提升,以及环保意识的增长,都建立在生态文明建设的持续推进的基础上。而这些社会支持与认同对生态文明建设显然有着重要意义。因此,有必要在今后继续推进和加强生态文明建设。近年来开展的各种污染专项防治攻坚战的成功经验表明,针对公众关注的焦点性问题开展专项治理,及时回应公众对生态文明建设的诉求,可以有效提升民众对生态文明建设的认同与支持。因此,在今后的生态文明建设中,有必要建立相应的民众诉求收集机制,及时分析公众对生态文明建设的诉求并进行精准回应,从而为之后深化生态文明建设的精细化治理奠定良好的群众基础。总之,持续加强和推进生态文明建设,既是争取公众参与和支持的重要条件,也是实现在动态发展中弥合当前生态文明建设中的失衡点的必要前提,是所有相关工作的基石。

其次,我们建议要完善生态文明建设的区域协同机制,针对当前生态文明建设中的失衡问题,应当综合规划、统筹全局,建立不同地区、领域间的协调机制,尽可能地避免"木桶效应"造成的负面影响。如前所述,生态文明建设中的失衡问题主要源自不同地区、不同领域的发展失衡问题。那么通过统筹规划,确保发达地区与欠发达地区之间、优势领域与不足领域之间形成资源互补,便能相应地弥合由此产生的失衡问题,补齐生态文明建设的"短板"或至少一定程度上避免以上地域、领域间的差异进一步扩大。此项措施的目的在于最大限度地填补生态文明建设在快速推进过程中产生的"缝隙",消除深化生态文明建设的各种隐患,避免其发展为深化生态文明建设的阻碍。互补机制的建立,一方面需要加大对相对落后地区、领域的资源投入,从而弥补由资源不平等造成的生态文明建设失衡;另一方面则需要在现有的各种协同治理机制的基础上,吸收各种成功经验,建立起制度化、规范化的协同治理规章,确保资源、优势互补常态化,最终使生态文明建设的方方面面做到协调发展,齐头并进。

第三，我们建议加大力度深入推进生态文明建设的法制化进程。由于政府既是生态文明建设的主导者，也在各项具体环境问题治理中扮演着重要角色，所以有必要进一步加强政府环境治理与生态文明建设工作的法制化和规范化进程。从我们的调查数据看来，加强环保相关工作的法制化与规范化建设，不仅有助于提升环保相关决策的质量，确保各项环境治理工作有法可依、执法必严，而且也可以有效提升公众对生态文明建设的认同与未来预期。特别是随着近年来由环境问题引发的社会问题的不断增加，提升生态文明建设工作的法制化和规范化程度，建立制度化的政社交流平台与沟通渠道，有助于缓解这些问题，为生态文明建设的深入进行培养群众基础。鼓励民众依法表达自身对生态文明建设的诉求，并有序参与到生态文明建设中去，也是生态文明建设法制化、规范化的重要目的。

最后，我们应尽快建立生态文明建设的多元参与机制。在社会整体的环境意识与环保意愿持续加强，但不同社会群体在环保态度与行为倾向上的差异性日益明显的情况下，有必要在采取针对性动员策略的同时，建立起包容性的民众参与制度。如前所述，生态文明建设的深化与环境问题治理的精细化离不开广泛的民众参与。唯有在建立具有足够包容性的参与制度的同时，根据不同社会群体的偏好采取针对性的社会动员策略，才能在不降低民众环保热情的情况下最大限度地吸纳公众参与，并为生态文明建设的深入推进提供充足的社会支持。同时，通过组织制度化、常态化的民众参与，也有助于集民智、聚民心，将人民群众在环境问题治理中发挥出的智慧和成功经验吸收到深化生态文明建设中去，从而有效应对生态文明建设中遇到的各种困难和挑战。生态文明建设理当跳脱出传统单一主体治理的窠臼，以全新的共建共治体系凝聚多元社会中不同治理主体的力量，开创全新的公共问题协商治理模式。

# 第二章 环境污染总体评价

在本章中，我们将通过综合环境污染程度、水安全性和食品安全性三个核心维度对我国35座主要城市的环境污染状况进行摸底和考察。本章还将展示35座城市居民对以下环境问题的认知：一是环境污染对该城市居民身体健康造成的危害程度；二是经济发展与环境保护之间孰轻孰重的比较。根据居民对相关问题的打分与排名，并对比过往数据，我们可以进一步了解和分析近些年来我国环境污染感知度的变化。最终，为政府的环境保护治理提供有意义的参考。

本轮调查涉及的内容较为广泛，除了民生类对水和食品的安全性调查外，还涉及了近些年较受关注的环保话题，例如空气污染、共享经济和垃圾分类等。本章主要从民生的角度出发，特别选择了水安全性和食品安全性作为两个重点考察的维度。对这两个指标的选择主要是因为民众易于感知，也便于通过调研对此指标进行测量。环境保护需求的提升也与民众日益增长的环保诉求和对环境污染的担忧息息相关。为此，本章还将通过对民众如何看待环境污染对于自身健康造成伤害的感知程度，以及对经济发展与环境保护之间关系的探究反映他们的环保认知与变化。

## 第一节 城市污染总体评价

本节主要介绍2019年中国城市居民环保意识调查数据的总体评

价结果,并且考察居民对环境污染对身体造成的伤害感知程度和对经济发展与环境保护孰轻孰重问题的探讨。本部分涉及的三个调查问题分别是:第一,综合污染程度:您给您所在城市的综合污染程度打几分;第二,污染造成的伤害:您认为您所在城市的污染对您的身体造成的伤害大吗;第三,经济发展与环境保护的重要性:比较而言,您认为经济发展更重要,还是环境保护更重要。我们还将本轮调查的数据同 2017 年的数据进行了对比,以展现两年间中国城市污染治理的变化。

## 一、城市污染综合程度

如图 2.1 所示,2019 年有 64.65%的城市居民认为我国城市污染有所减轻(分值处于 1—5 分;分值越高,污染越严重);而持相反观点的居民占全部受访人的 27.05%。而在 2017 年,我们的调查数据显示,认为污染程度减轻和认为污染程度加重的人口分别占 40.19%和 58.64%。对比后发现,认为环境污染减轻的人数上升 24.46%,而持相反观点的人数则降低 31.59%。由此可见,中国政府在过去两年开展的城市综合环境治理的成果是显著的,同往年相比,民众对城市环境的满意度有了明显上升。

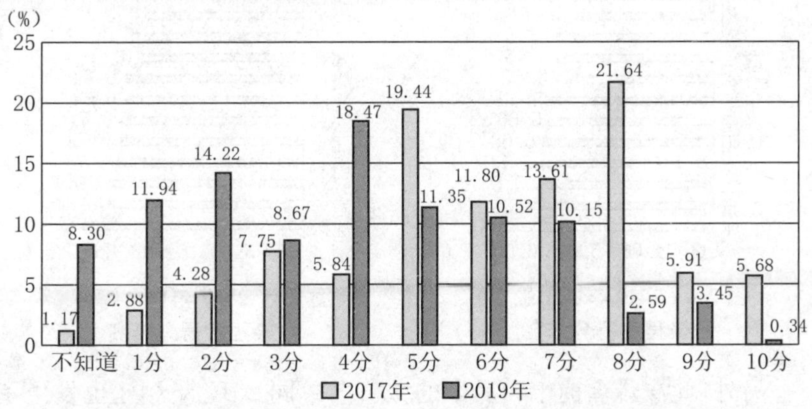


**图 2.1　综合污染评价得分百分比分布**

从城市综合污染排名的结果(图 2.2)可见,在全国 35 座主要城市中,综合污染程度较轻(分值低)的城市除了银川外,均位于我国的南方地区,且大部分是沿海城市。而综合污染程度较重(分值高)的城市除了武汉外,均位于我国的北方地区。同 2017 年的数据(见图 2.3)相比,排名前十的北方城市从 3 席减少到 1 席,而排名靠后的南方城市从 6 席减少到 1 席。这也说明,从城市居民的直观感受来看,我国南方城市环境改善情况优于北方城市的环境改善。这与南方城市本身的地理环境相关,而北方城市受地理环境的限制其改善的速度与效率可能与南方城市相比更慢。

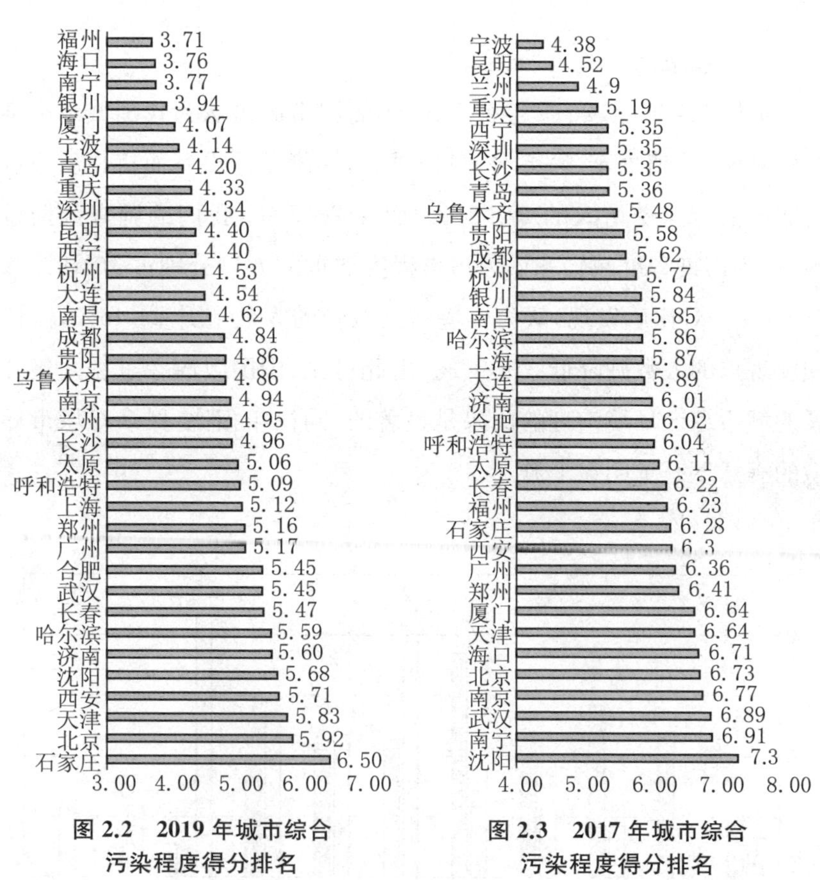


**图 2.2 2019 年城市综合污染程度得分排名**

**图 2.3 2017 年城市综合污染程度得分排名**

另外,此次排名前十和后十的城市名单同 2017 年相比也发生了较大变化。宁波、青岛、重庆、深圳和昆明继 2017 年位列综合污染最轻的10座城市后，它们在此次评估中继续维持了前十的优异名次。福州、海口、南宁、银川和厦门则作为后起之秀位列十佳。而在2017年，南宁、海口和厦门还位于排名后十位。其中，福州从2017年的第23名上升到2019年的第1名、海口从第30名上升至第2名、南宁从第34名上升至第3名、银川从第13名上升至第4名，而厦门则从第29名上升至第5名。不难看出，这5座城市的环境总体情况有了质的提升。其城市管理者应当总结经验并与其他城市分享环境治理的理念、方法和措施。

2017年城市综合污染最重十座城市中的沈阳、武汉、北京和天津在2019年的排名中依然垫底。武汉和沈阳的排名略有上升，但北京和天津的名次甚至有所下降。可见，对于排名垫底的城市来说，政府过去两年中的环境治理效果不明显且来自群众的压力大。而石家庄、西安、济南、哈尔滨、长春和合肥跌入此次榜单的最后十位。这说明，这些城市居民对环境治理的满意度同两年前相比变低。其中，石家庄从2017年的第24名跌至本次调查的第35名、西安从第25名跌至第32名、济南从第18名跌至第30名、哈尔滨从第15名跌至第29名、长春从第22名跌至第28名，而合肥则从第19名跌至第26名。其他城市则处于中间的水平。另外，2019年35座城市的得分范围是3.71至6.5，同2017年的4.38至7.3相比有了大幅度提升。所以，总体而言，过去两年我国主要城市的环境治理取得了良好的效果，获得了民众的认可。

## 二、污染对人体的伤害

环境污染不仅对经济发展造成消极影响，其最直接的危害作用在人的身上。以最近几年较受人们关注的空气污染举例。现有研究已表明大气细颗粒物（PM 2.5）可刺激人体应激激素水平的升高，从而引发高血压和心血管等疾病。[①]对于婴幼儿甚至可能引发肺功能发

① 孙国根：《PM2.5可致人体应激激素升高》，《健康报》，http://www.xinhuanet.com/health/2017-09/20/c_1121692134.htm。

育不全。①还有研究表明,长期暴露于 PM 2.5 超标的环境中时,当其浓度每增加 10 微克/立方米,人的预期寿命可能会缩减 0.98 年。②由于工业排放而导致的地下水污染也引发了“癌症村”问题。食品商人的非法添加剂,例如塑化剂,也引发了家长对儿童性早熟的担忧。而我国的环境污染与水安全以及食品安全有紧密的联系。对环境污染的治理就需要提升对水安全和食品安全的监督管理。

从此次的调查数据(见图 2.4)可以看出,有 32.95%的居民认为环境污染对其身体造成非常大的伤害或一些伤害,66.31%的居民认为当前的环境污染对其身体没造成多大伤害或没造成任何伤害。同 2017 年的调查数据相比,认为对身体造成伤害的人数占比下降 18.20%,而认为没造成太大或没有影响的则增长 18.09%。由此可见,过去两年各级政府所采取的环保措施得到了民众较高的认可。

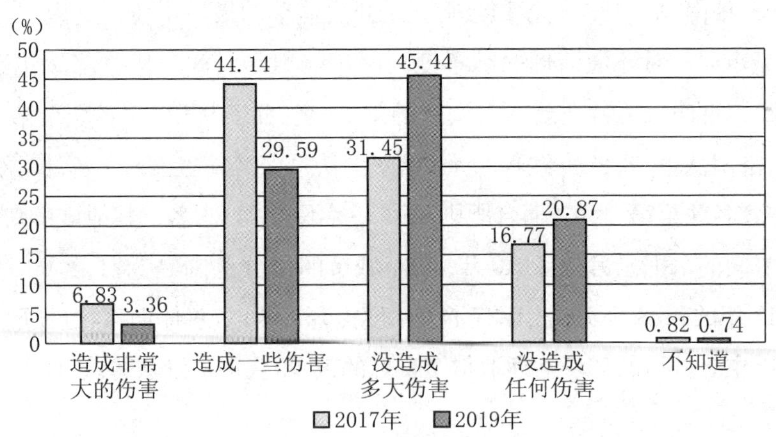


**图 2.4　环境污染对居民身体健康造成的伤害百分比分布**

图 2.5 显示了城市居民中不同年龄群体对于环境污染对其自身造成伤害的认知。其中,30—39 岁、40—49 岁、50—59 岁三个年龄段

① 《针对 PM2.5 的健康保卫战》,新华网,2014 年 12 月 17 日,http://epaper.guilinlife.com/glrb/html/2014-12/18/content_1575160.htm?div=－1。

② 李禾:《芝加哥大学研究表明:中国 PM2.5 污染下降,居民预期寿命延长半年》,科学网(《科技日报》),http://news.sciencenet.cn/htmlnews/2019/1/422159.shtm。

群体认为环境污染对其身体健康造成了一些或非常大的伤害的比例较为接近，占比分别为36.74％、35.86％和37.54％。而18—29岁年龄段群体中，仅有26.97％的人认为环境污染对其造成了一些伤害或非常大的伤害。同2017年的数据相比，各年龄阶段群体认为环境污染对其身体健康造成伤害的百分比全部下降。其中，18—29岁年龄段群体下降21.43％、30—39岁年龄段群体下降19.49％、40—49岁年龄段群体下降15.56％、50—59岁年龄段群体下降13.43％，而60岁及以上年龄段群体则下降12.67％。由此可见，年纪越轻的居民对于环境污染治理的成果越认可。尽管如此，我们还是不能对环境保护掉以轻心，尤其需要加强对婴幼儿和老年人的保护。

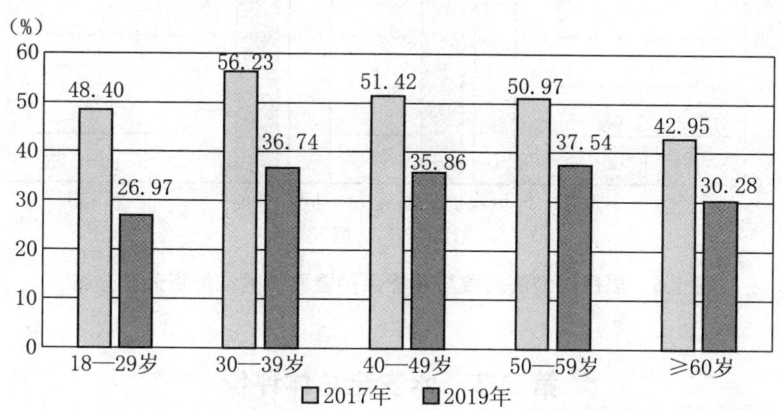


**图2.5 各年龄段群体对环境污染对其产生一些或非常大伤害的占比**

三、经济发展和环境保护的重要性

早期工业国家的发展对全球环境造成了巨大的伤害，而中国经济高速增长也伴随着环境污染。可持续发展理念和“五大发展理念”的传播，不仅在政府层面重新确立了环境保护与经济发展的共生关系，也对居民的认知产生了影响。在此次调查中，我们询问了全国35座城市居民对经济发展与环境保护两者关系的看法。如图2.6所示，有7.95％的居民认为经济发展更为重要、46.32％的居民认为环境保护更为重要,而有45.50%的居民认为两者同等重要。与2017年的调查相比,认为经济发展更重要和环境保护更重要的占比分别增加了2.65%和9.42%,而认为同等重要的比例则下降11.84%。两次调查中较为引人注目的是,在两年中,有更多的人将环境保护置于比经济发展更为重要的位置上。这说明,随着人们物质生活水平的提高,对居住环境的要求也有所提高。这一趋势也让管理者反思"先发展后治理"的陈旧理念,转而思考环境保护可以带来的更大发展机遇。

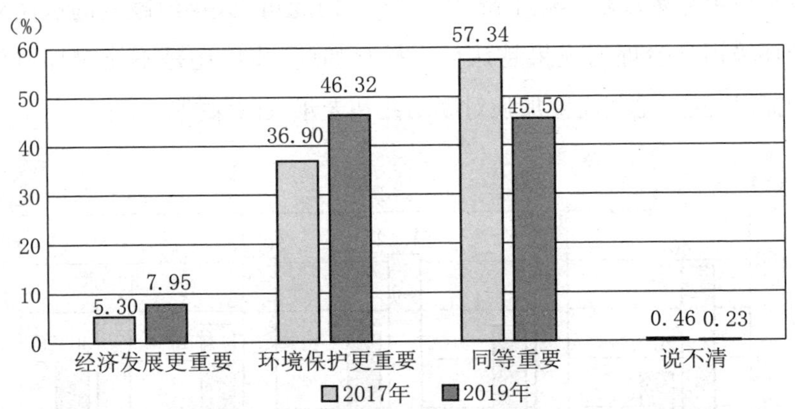


**图 2.6　居民对经济发展与环境保护重要性的认知百分比分布**

## 第二节　水安全总体评价

### 一、水安全的现状与治理

水是大自然赋予人类的宝贵财富,是生命延续和社会经济发展的必需之一。中国主要面临两大水资源危机。首先,我国的淡水资源非常匮乏,仅占全球的6.4%,却要养活世界上五分之一的人口,并维持高速的经济增长。据报道,全国600多个城市中有超过400个都面临不同程度的水资源缺乏。①《中国城市竞争力报告》也指出,我国

① 王立彬:《我国600多个城市有400多个都缺水》,新华网,2018年3月21日,http://society.people.com.cn/n1/2018/0321/c1008-29881494.html。

城市中耗水耗电问题严重，需要特别加强水资源保护的工作。①其次，农业药品的过度使用、工业开发过程中的废弃水，以及城市化中未经处理的生活污水都对我国的地下水和地表水造成了严重的污染，让我国的水生态环境雪上加霜。以上两点都威胁着我国居民的饮用水安全。2018 年《中国生态环境公报》显示，在全国 10 168 个国家级地下水水质监测点中，I 至 III 类水仅占 13.8%；在全国 2 833 处浅层地下水监测井中，I 至 III 类水仅占 23.9%。主要超标指标为锰、铁、总硬度、溶解性总固体、氨氮、锰、铁、铝等重(类)金属。②由此可见，我国的地下水污染形势比较严峻。

2015 年 2 月，中共中央政治局常委会审议通过《水污染防治行动计划》(以下简称《计划》)，为我国的水安全保障提出了总体要求、工作目标和主要指标。其中，明确提出到 2020 年，将初步建立地下水污染防治法规标准体系及地下水环境监测体系。到 2030 年，我国的七大流域水质优良比例要达到 75%，城市建成区黑臭水基本消除，95% 的城市饮用水水质达到 III 类以上。③十九大报告还提出要着力解决突出的环境保护问题，要打赢蓝天保卫战、加快水污染防治和强化土壤污染管控与修复。④2019 年 4 月，生态环保部、自然资源部、住房和城乡建设部、水利部、农业农村部依据《计划》提出更为细化的行动方案，联合印发《地下水污染防治实施方案》，提出按照“大网络、大系统、大数据”的建设思路完成水环境监测信息平台建设。全国各省、自治区、直辖市等也逐步出台相应的地方法律法规，并逐渐公布水污染场地清单，同时启动修复工作。

---

① 倪鹏飞、周晓波、李博、王雨飞、沈立：《中国城市竞争力第 15 次报告：节约和保护城市，水资源尤为重要》，中国经济网(《经济日报》)，2017 年 6 月 23 日，http://www.ce.cn/cysc/fdc/fc/201706/23/t20170623_23819610.shtml。

② 《2018 中国生态环境状况公报》，中华人民共和国生态环境部，2019 年 5 月 22 日，http://www.mee.gov.cn/home/jrtt_1/201905/W020190529619750576186.pdf。

③ 《国务院关于印发水污染防治行动计划的通知》，中华人民共和国国家发展和改革委员会，2015 年 4 月 2 日，http://www.ndrc.gov.cn/zcfb/zcfbqt/201504/t20150416_692473.html。

④ 《十九大报告透露的十件民生实事》，新华网，2017 年 10 月 21 日，http://www.xinhuanet.com/politics/19cpcnc/2017-10/21/c_1121836409.htm。

中国环境监测总站定期披露全国地表水水质信息。对比2019年7月的"全国地表水水质月报"和2015年2月出台《计划》时的"全国地表水水质月报"后,我们发现我国水治理取得了良好的成效,在水源监控规模扩大的前提下,地表水水质有明显改善。如图2.7所示,2015年2月的数据显示:"在对371条主要河流的677个断面的测量中发现:I类水质断面占5.00%,II类水质断面占31.00%,III类水质断面占34.00%,IV类水质断面占12.00%,V类水质断面占5.00%,劣V类水质断面占13.00%。"①而2019年7月的数据显示:"全国主要河流总体呈现轻度污染。在对941条主要江河的1 627个断面的检测中发现:I类水质断面占4.00%,II类水质断面占40.70%,III类水质断面占29.20%,IV类水质断面占15.10%,V类水质断面占5.50%,劣V类水质断面占5.40%"。②2019年拥有I类和II类水质的流域同2015年相比上升8.70%,而V类和劣V类水体则下降了7.10%。由此可见,我国水安全环境正呈现出快速改善的趋势。

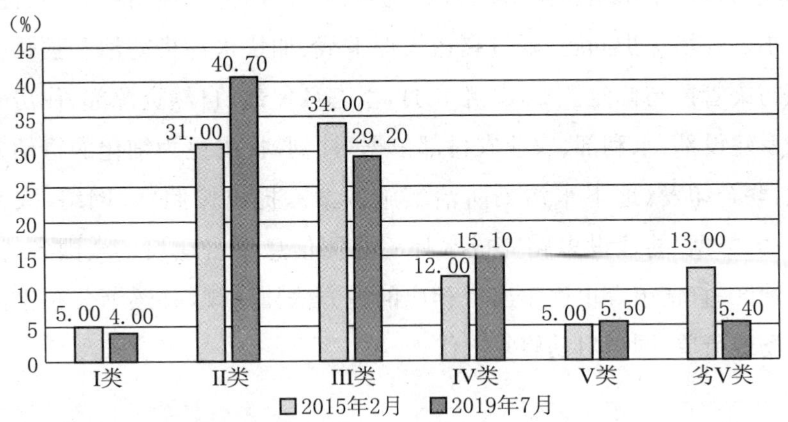


资料来源:中国环境监测总站。

**图2.7 2015年2月和2019年7月"全国地表水水质月报"百分比对比**

① 《全国地表水水质月报:2015年2月》,中国环境监测总站,2015年3月,http://www.cnemc.cn/jcbg/qgdbsszyb/201503/P020181010537636310718.pdf。

② 《全国地表水水质月报:2019年7月》,中国环境监测总站,2019年8月,http://www.mee.gov.cn/hjzl/shj/dbsszyb/201909/P020190905328775689425.pdf。

十八大以来，我国的城市水生态文明建设取得了巨大成效，提升了民众的满意度和幸福感。2013年，水利部发布了《水利部关于加快推进水生态文明建设工作的意见》和《水利部关于加快开展水生态文明城市建设试点工作通知》，累计完成相关建设投资超过7 500亿元。[①]并于2017年12月和2019年5月分别通过46个和58个全国水生态文明城市的验收。[②]从已公布的第一批试点城市的成绩来看，城市黑臭水体治理率已达76.6%，生活污水处理达标率从81.5%上升至93.5%，工业排放废水达标率也从94.1%上升到99.0%。[③]在今后一段时期内，全国水生态文明城市的建设还会加大吸引社会资本的参与，并从水资源保护、水环境治理、水生态修复、水安全保障和水文化彰显等五个方面开展"美丽中国"的建设工作。

## 二、水安全总体评价

本部分涉及一个调查问题，即：您对您喝的水的安全性打几分？图2.8显示了我国35座城市居民对水安全的评价。就评分来看我国城市中有65.31%的居民对城市水安全持正面看法(6—10分，分数越高越安全)，32.67%的居民持负面看法(1—5分，分数越低越不安全)。同2017年的数据相比，城市居民中对水安全性持正面看法的下降8.18%，而持负面看法的增加了7.08%。由此可见，从居民的直观感受来看，我国35座主要城市的居民对水安全的满意度在过去两年中有所降低。尽管各级政府在水安全治理方面投入了巨大的财力和人力，但仍需更清楚了解居民对水安全的需求是什么，从而对相关工作进行改进，尽力提升居民满意度。

---

① 杨迪、陈地：《我国首批46个水生态文明城市试点完成建设》，新华网，2017年12月13日，http://www.xinhuanet.com/city/2017-12/13/c_129764225.htm。

② 《水利部关于印发第二批通过全国水生态文明建设试点验收城市名单的通知》，中华人民共和国水利部，2019年5月23日，http://www.mwr.gov.cn/zwgk/zfxxgkml/201906/t20190605_1341352.html。

③ 《全国水生态文明城市建设试点成效显著》，新华网，2018年11月1日，http://www.xinhuanet.com/travel/2018-11/01/c_1123647133.htm。

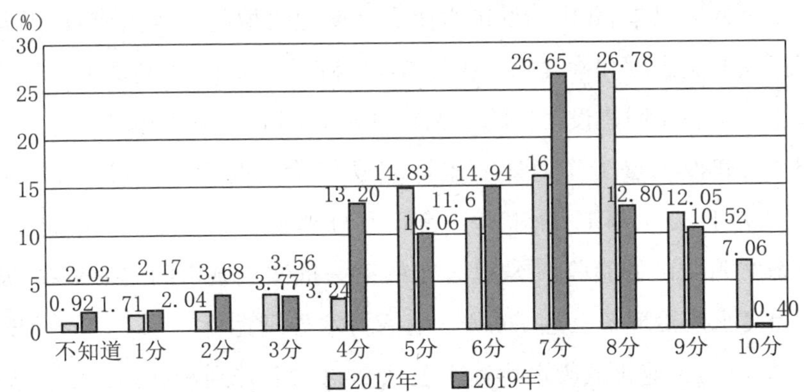


**图 2.8　水安全评价得分水平百分比分布**

从对 35 座城市的水安全得分排名(图 2.9)来看,水安全排名靠前(水安全性得分比较高)的城市除了郑州以外均为南方城市,而水安全排名靠后(水安全性得分较低)的城市除了广州外均为北方城市。所以,我国城市的水安全性呈现出基于地理位置的南北差异。而 2017 年(见图 2.10)排名靠前的城市中有 3 个北方城市,排名靠后的城市中也有 3 个南方城市。相比之下,此次调查显示出我国南北方的水安全差异相较两年前更为明显。

从 35 座城市的得分排名来看,南宁、贵阳、昆明、南京、厦门和武汉等 6 座城市继续保持其全国排名前十(水安全性得分比较高)的地位,而宁波、杭州、重庆和郑州则凭借过去两年的优秀水治理成果也位列前十。同 2017 年的名次相比,宁波从第 18 名上升至第 1 名、杭州从第 21 名上升至第 3 名、重庆从第 12 名上升至第 6 名,而郑州则从全国第 17 名上升至第 9 名。可见,这些城市居民对政府水环境改善的成果较为满意。城市的管理者可以总结经验并在全国进行推广。水安全得分排名靠后(水安全性得分比较低)的城市以西北和东北城市为主。兰州、太原、西安、石家庄和广州在 2017 年排名时就比较靠后,此次依然位列排名末尾。沈阳、西宁、长春、天津和济南水环境恶化则较为明显。其中,沈阳从 2017 年的第 1 名降至 2019 年的第

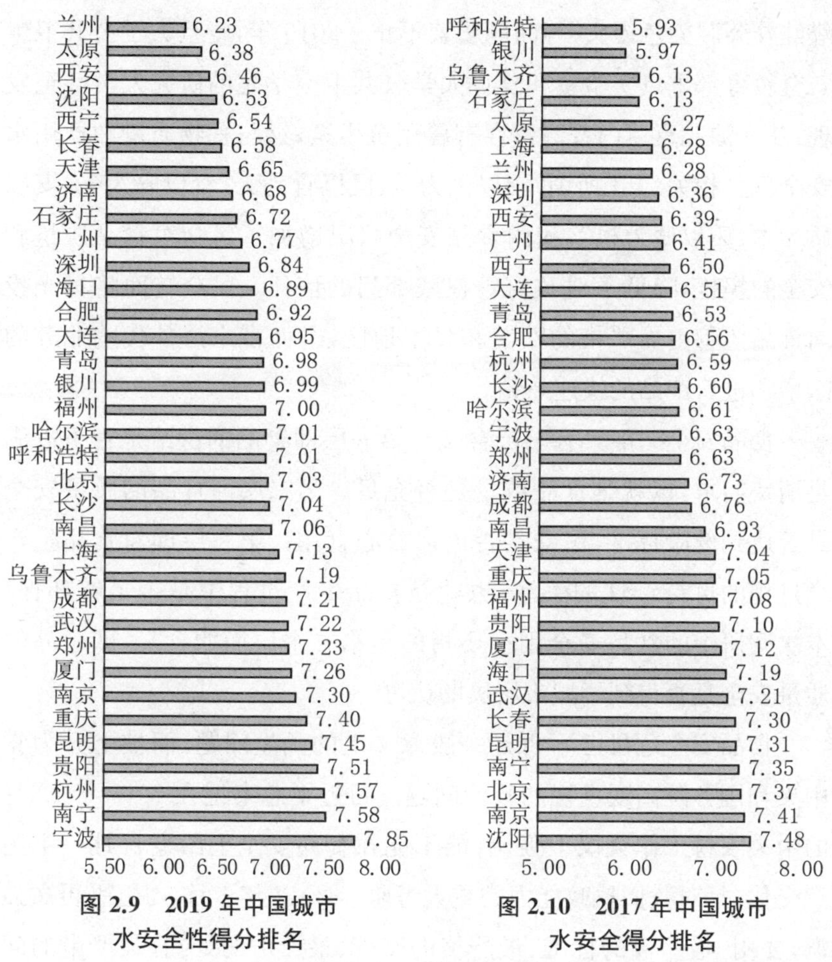


**图 2.9 2019 年中国城市水安全性得分排名**

**图 2.10 2017 年中国城市水安全得分排名**

32 名、长春从第 6 名降至第 30 名、天津从第 13 名降至第 29 名、济南从第 16 名降至第 28 名，而西宁则从第 25 名降至第 31 名。沈阳、长春和天津的降幅异常，应当引起当地相关部门的重视，并加强与水治理优秀的城市之间开展交流合作。

## 第三节 食品安全

### 一、食品安全的现状与治理

在很长一段时期内，“毒生姜”“瘦肉精”“地沟油”“皮鞋酸奶”“甲醛娃娃菜”“染色馒头”等问题屡禁不止。2016年,复旦大学公共卫生安全教育部重点实验室和复旦大学公共卫生学院的研究人员甚至发现:江浙沪儿童体内普遍留存有兽用抗生素,这与食物质量和饮用水安全息息相关。[①]正所谓“国以民为本、民以食为天、食以安为先、安以质为本、质以诚为根”,我国食品安全状况增加了民众对食品质量和安全的担忧,降低了对政府等权威部门的信任。民众转而将目光投向食品监管更加严格的欧美和日本地区,进而带来海外代购业务的激增和进口产品的快速热销。

食品安全一般具有三层含义。第一层即食品的供给是否可以满足消费需求,也就是食品数量是否充足。第二层即食品的质量安全是否达到健康标准,民众是否可以放心食用。第三层即对食品生产全过程的可持续性的关注,也就是食品生产过程中是否足够环保。本次调研中的食品安全则主要指的是第二个层面的含义,即食品的质量安全是否得到了城市居民的认可。

食品安全危机已不再是一般意义上的民生问题,而被上升为党中央和国务院高度重视的政治问题。习近平总书记在2013年12月的中央农村工作会议上强调:能不能在食品安全上给老百姓一个满意交代,是对我们执政能力的重大考验。[②]2017年1月,习近平再次强调,要用“最严谨的标准、最严格的监管、最严厉的处罚、最严肃的问责,增强食品安全监管统一性和专业性,切实提高食品安全监管水平和能力”。[③]十九大报告也提出:“实施食品安全策略,让人民吃得放心。”[④]李克强总理于2019年10月11日签署国务院令,公布最新修

---

① 《研究称江浙沪儿童体内普遍有兽用抗生素》,国家质量监督检验检疫总局,2016年2月25日,http://www.aqsiq.gov.cn/xxgk_13386/tzdt/gzdt/201602/t20160225_461864.htm。

② 《中央农村工作会议举行,习近平、李克强做重要讲话》,中国政府门户网站,2013年12月24日,http://www.gov.cn/ldhd/2013-12/24/content_2553842.htm。

③ 《习近平对食品安全工作作出重要指示》,新华社,2017年1月3日,http://politics.people.com.cn/GB/n1/2017/0103/c1024-28996103.html。

④ 《中共中央　国务院　关于深化改革加强食品安全工作的意见》,中国政府门户网站,2019年5月20日,http://www.gov.cn/zhengce/2019-05/20/content_5393212.htm?tdsourcetag=s_pcqq_aiomsg。

订的《食品安全法实施条例》。[①]《条例》全文共计86条，是对《食品安全法》内容的细化与补充。针对过去十年我国食品安全领域的进步和困境，《条例》主要从四个方面进行了修订。首先，强化了食品安全监管制度。除了要求县级以上政府建立监管体制外，还增设了举报奖励制度和违法生产经营者黑名单。第二，完成了食品安全风险监测制度和食品安全标准体系建设。第三，明确了生产经营者的食品安全主体责任。最后，落实了违法行为的法律责任。

根据《中国食品安全发展报告(2018)》的披露：我国食品安全形势整体呈现向好趋势。2017年，粮食加工品、食用油油脂及其制品、食用农产品、肉制品、蔬菜等32个大类的23.33万批次食品的抽检合格率为97.6%，比2014年提高2.9%个百分点。[②]尽管如此，《报告》还显示：2017年我国食品安全主要面临四大挑战：微生物污染、食品添加剂超标、食品质量不符合标准，以及农兽药残留超标。其中，微生物污染问题较2016年增长4.84%、质量指标不符合标准问题增长2.41%、农药残留问题也增长4.07%。只有食品添加剂一项同2016年相比下降9.75%。[③]同时，随着互联网经济的发展和进出口贸易的增加，网购食品和进口食品销量的急速上升也伴随着不合格食品投诉的增长。我国食品安全监管和抽查的覆盖面也逐渐从传统对食品生产、流通和销售等方面，逐渐向互联网和进口产品的制度性监管等方向发展。

## 二、食品安全总体评价

本部分涉及一个调研问题，即：您对您吃的食品的安全性打几

---

① 《中华人民共和国国务院令　第721号》，中国政府门户网站，http://www.gov.cn/zhengce/content/2019-10/31/content_5447142.htm。

② 《中国食品安全发展报告(2018)发布》，中国质量新闻网(《中国质量报》)，2018年12月27日，http://www.cqn.com.cn/zgzlb/content/2018-12/27/content_6614907.htm。

③ 李禾：《中国食品安全发展报告(2018)在京发布》，中国科技网(《科技日报》)，2019年1月11日，http://www.stdaily.com/cxzg80/kebaojicui/2019-01/11/content_746199.shtml。

分？图 2.11 显示了 2019 年全国主要 35 座城市居民对其所在城市食品安全的评价。从居民的主观评价来看，有 56.24%的居民认为我国城市中的食品是较为安全的(6—10 分，评分越高，安全性越高)，41.70%的人对食品安全呈负面看法(1—5 分)。与 2017 年的数据相比，持正面看法的居民下降 12.4%，而持负面看法的居民则增长 11.10%。与 2015 年至 2017 年间城市居民对食品安全的信心增强相比，各级政府需要反思造成此次民众对食品安全担忧上升的原因。唯有了解居民的根本需求才能更好地解决食品安全的相关挑战。

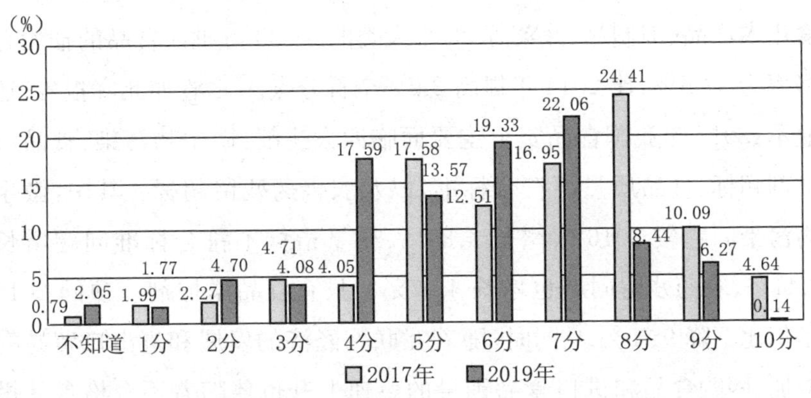


**图 2.11　食品安全评价得分水平百分比分布**

2019 年调查城市得分排名较 2017 年排名有了较大变化。如图 2.12 和 2.13 所示，此次排名前十的城市中，除了南宁以外，均是新进城市。其中宁波从 2017 年的第 18 位上升至第 1 位、乌鲁木齐从第 25 位上升至第 3 位、贵阳从第 27 位上升至第 5 位、昆明从第 19 位上升至第6 位、呼和浩特从第 28 位上升至第 8 位、成都从第 22 位上升至第9 位，而长沙则从第 34 位上升至第 10 位。可见，在过去两年间，这些城市在食品安全领域的治理得到居民较高的认可。而食品安全靠后的城市中，大连是唯一一座继 2017 年后继续位列最后十位的城市。其他 9 座城市中，海口从 2017 年的第 10 名下降至此次的最后一名(第 35 名)、长春从第 9 名下降至第 34 名、西安从第 16 名下降至第

33 名、北京从第 2 名下降至第 32 名、天津从第 7 名下降至第 31 名、济南从第 17 名下降至第 29 名，而青岛则从第 14 名下降至第 28 名。食品安全问题需要额外引起排名靠后十座城市管理者的重视，特别是那些排名下跌迅速的城市需要找出食品安全治理中的漏洞，与排名提升较大的城市进行交流。

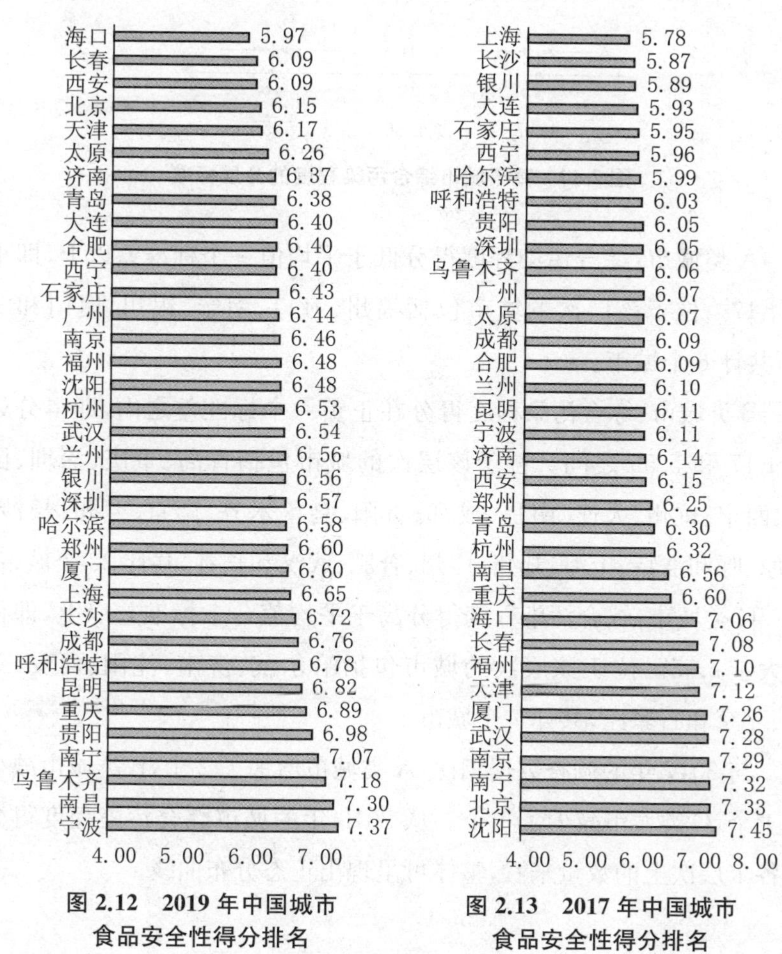


**图 2.12　2019 年中国城市食品安全性得分排名**

**图 2.13　2017 年中国城市食品安全性得分排名**

## 第四节　城市环境分维度评价

基于本轮调查数据，本节拟根据城市综合污染程度将参与的 35

座城市划分为A、B和C三类。从35座城市的综合污染程度得分来看,平均值为4.86,标准差为0.69,其中最大值为6.50,最小值为3.71。以综合污染程度得分的平均值为基点,根据标准差的距离,如图2.14所示,可以将35座城市归入A、B和C三个层次。A类城市综合污染程度最轻,B类城市紧随其后,而C类城市综合污染程度最重。

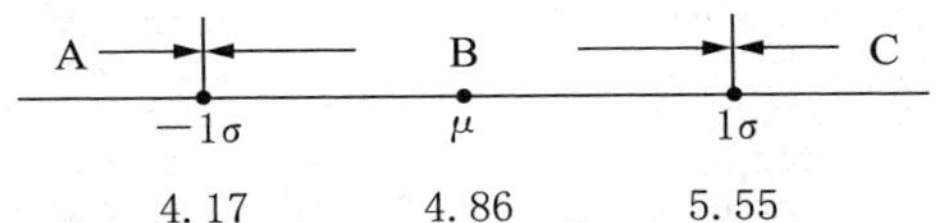


**图2.14 基于城市综合污染程度的分层标准**

A类城市:综合污染程度得分低于平均值一个标准差以上,即小于4.17。位于该层次的城市包括福州、海口、南宁、银川、厦门和宁波,共计6个城市。

B类城市:综合污染程度得分在正负一个标准差之内,即得分处于4.17和5.55之间。位于该层次的城市包括青岛、重庆、深圳、昆明、西宁、杭州、大连、南昌、成都、贵阳、乌鲁木齐、南京、兰州、长沙、太原、呼和浩特、上海、郑州、广州、合肥、武汉和长春,共计22个城市。

C类城市:综合污染程度得分高于平均值一个标准差以上,即得分大于5.55。位于该层次的城市包括哈尔滨、济南、沈阳、西安、天津、北京和石家庄,共计7个城市。

与2017年的调查数据相比,A类城市增加了2个,B类城市减少了1个,C类城市减少了1个。从2019年的城市综合污染程度得分和各个层次上的数量来看,整体可呈现出正态分布曲线。

## 一、A类城市

A类城市中除银川位于我国西北地区,其他5个城市均地处我国的南方。其中福州和厦门同属于福建省。由此可见,福建省在城市污染治理、水安全治理和食品安全治理工作中表现较为出色。

在所有A类城市中，福州位列第1。如图2.15所示，福州是中国最早对外开放的城市之一及海上丝绸之路的门户，地处闽江下游及沿海地区，所以水资源较为发达。因此，福州居民对城市的水安全打分达到7.57这一高分。相比水安全的高分，福州的食品安全仅得到6.48分。同水安全的满意度相比仍有很大的提升空间。

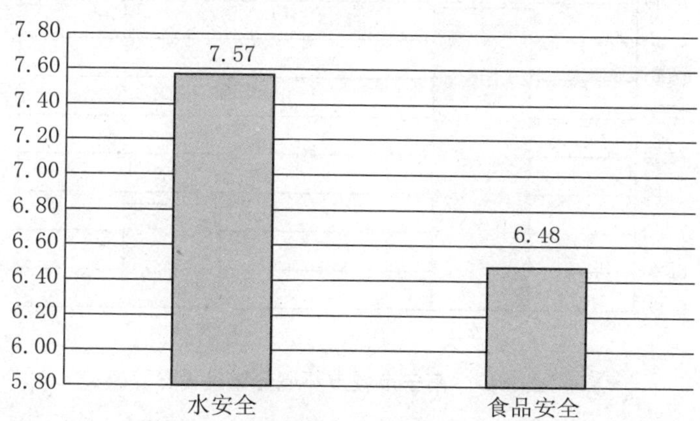


**图2.15　福州市城市环境分维度得分**

图2.16显示的是海口市的水安全得分和食品安全得分，分别为6.89和5.97。海口市水安全和食品安全得分之间存在较大的差别，需要引起当地食品监管部门的重视。

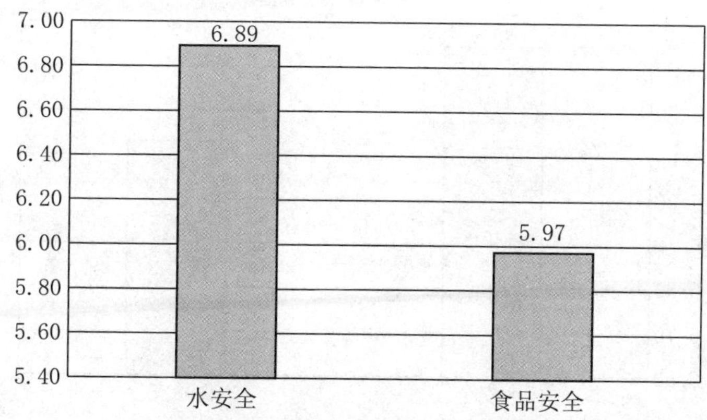


**图2.16　海口市城市环境分维度得分**

图2.17显示的是南宁市环境分维度得分。其中,水安全得分7.58,食品安全得分7.07。两个维度得分较为相似,且均在同类城市中排名靠前。由此可见,南宁市在水治理和食品安全治理方面取得的成果得到了群众的认可。

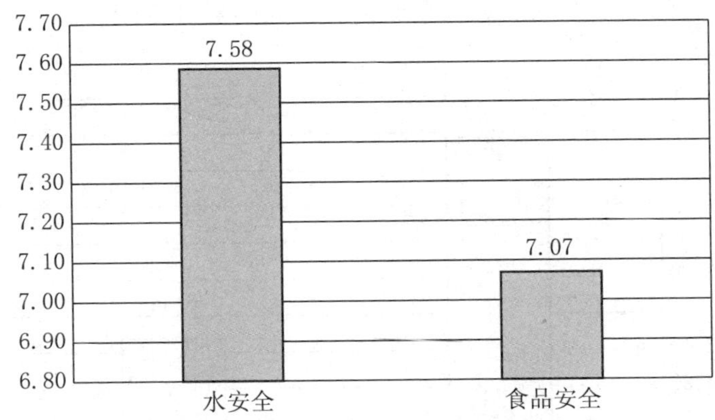


**图2.17　南宁市城市环境分维度得分**

图2.18显示的是银川市环境分维度得分,其中水安全得分6.99,食品安全得分6.56。水安全得分略高于食品安全得分。宁夏地处我国西北地区,本身较为缺水。但在水安全方面的得分在所有城市中依然名列前茅。这说明了银川市在水安全治理方面下了非常多的功夫,可以将其水治理相关经验向其他缺水地区推广。

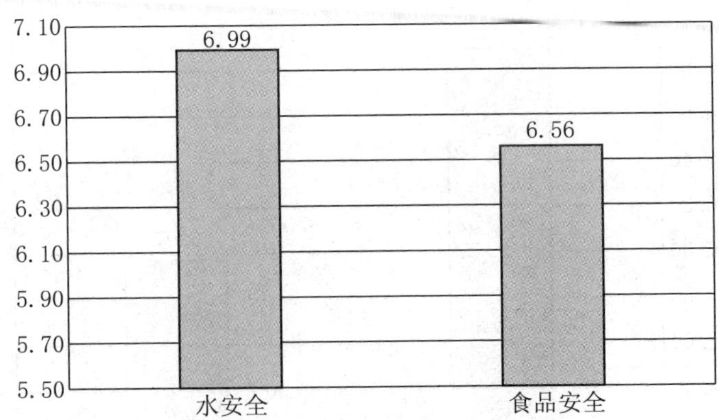


**图2.18　银川市城市环境分维度得分**

图 2.19 显示的是厦门市城市环境分维度得分。其中,水安全得分 7.26 分,食品安全得分 6.60 分。水安全的得分高于食品安全得分,且在所有城市中名列前茅,这可能与厦门水源丰富的地理位置有关。厦门市相关政府机构在后续工作中应当更加关注食品安全问题以提升民众的满意度。

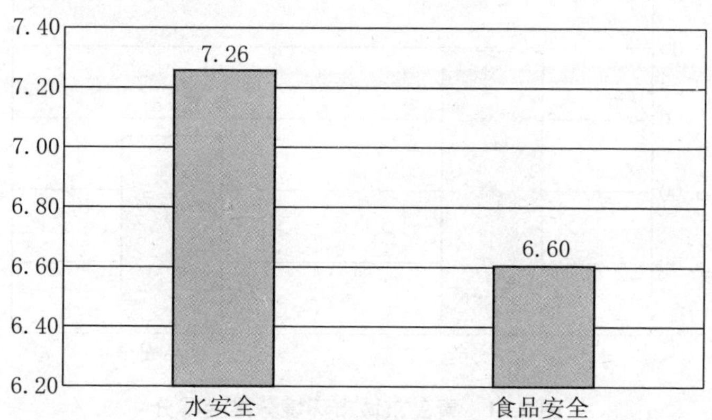


**图 2.19　厦门市城市环境分维度得分**

图 2.20 显示的是宁波市城市环境分维度得分。其中,水安全得分 7.85,食品安全得分 7.37。水安全得分略高于食品安全得分。且两个维度的得分均在 35 座城市中名列前茅。

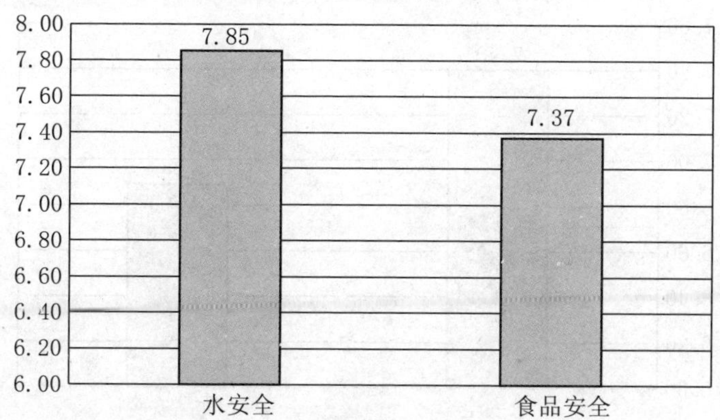


**图 2.20　宁波市城市环境分维度得分**

## 二、B类城市

图 2.21 显示的是青岛市城市环境分维度得分。其中,水安全得分 6.98,食品安全得分 6.38。水安全得分略高于食品安全得分。政府部门可更多关注食品安全的监管。

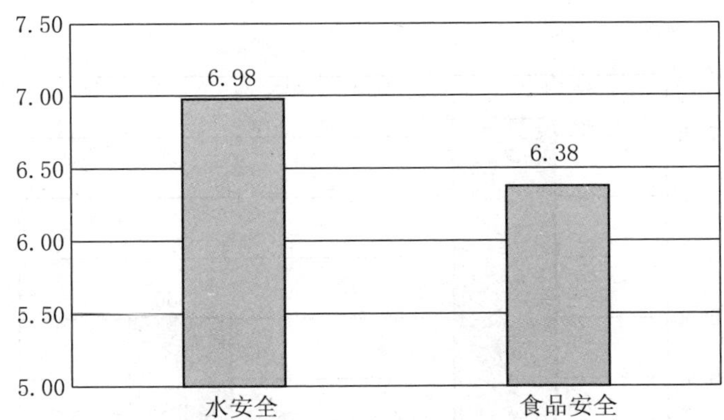


**图 2.21　青岛市城市环境分维度得分**

图 2.22 显示的是重庆市城市环境分维度得分。其中,水安全得分 7.40,食品安全得分 6.89。重庆水资源丰富,有包括长江、嘉陵江、吴江和涪江在内的多条江河穿过地界,地处长江上游地区。所以,其水安全评分在 35 座城市中名列前茅。

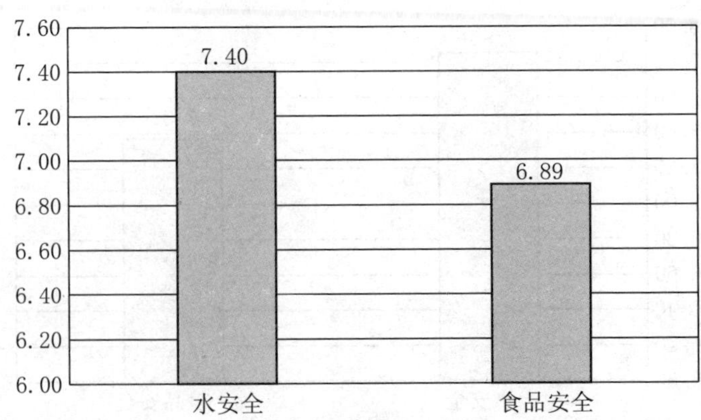


**图 2.22　重庆市城市环境分维度得分**

图 2.23 显示的是深圳市城市环境分维度得分。其中,水安全得分 6.84,食品安全得分 6.57。水安全得分与食品安全得分差异较小,两个维度得分在全国 35 座城市中均处于中间位置。

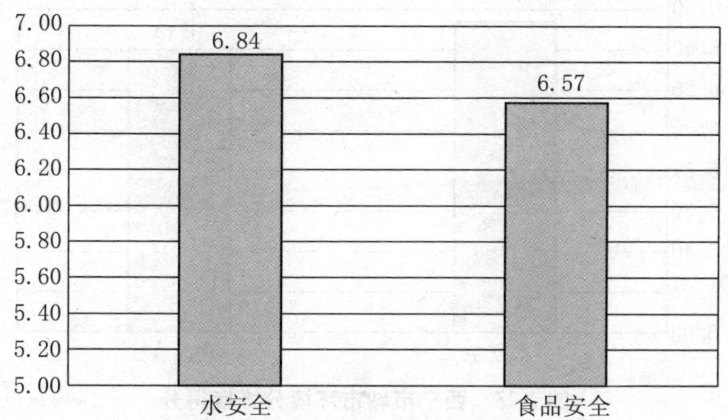


**图 2.23　深圳市城市环境分维度得分**

图 2.24 显示的是昆明市城市环境分维度得分。其中,水安全得分 7.45,食品安全得分 6.82。昆明自然环境优越,所以其水安全得分明显高于食品安全得分。相关部门可以在后续工作中加强食品安全的监督管理。

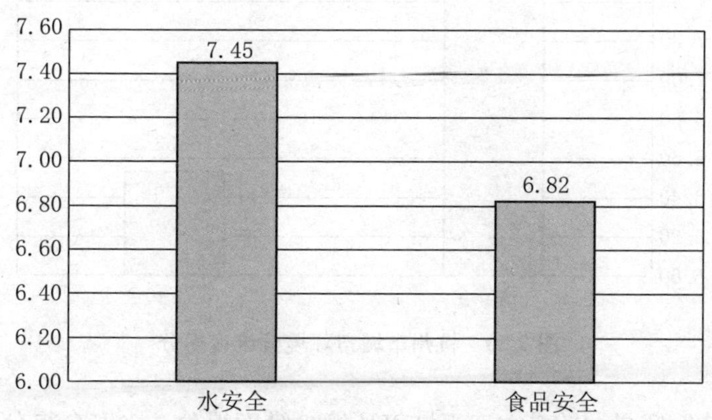


**图 2.24　昆明市城市环境分维度得分**

图 2.25 显示的是西宁市城市环境分维度得分。其中,水安全得

分 6.54,食品安全得分 6.40。两个维度得分相近,均处于全部 35 座城市的中间水平。

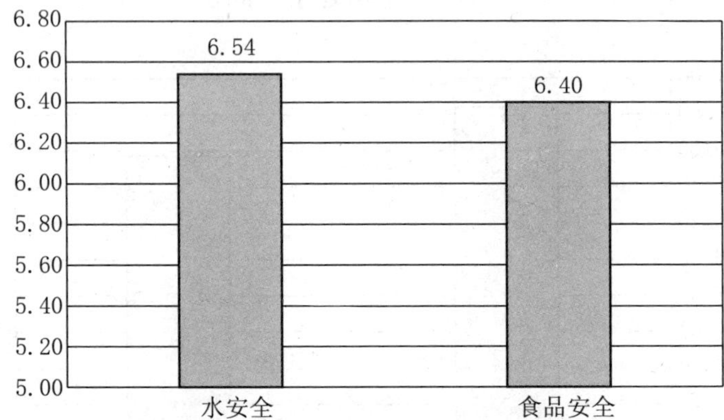


**图 2.25　西宁市城市环境分维度得分**

图 2.26 显示的是杭州市城市环境分维度得分。其中,水安全得分 7.57,食品安全得分 6.53。杭州市政府应提高对食品安全的重视程度。

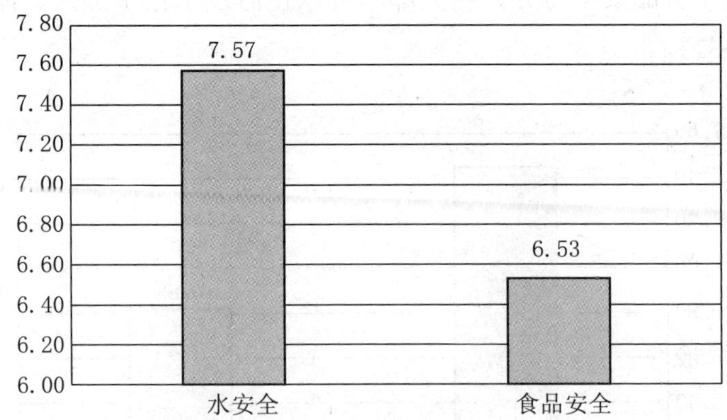


**图 2.26　杭州市城市环境分维度得分**

图 2.27 显示的是大连市城市环境分维度得分。水安全得分 6.95,食品安全得分 6.40。水安全得分较高,所以,大连市政府在后续工作中应加强食品安全的治理。

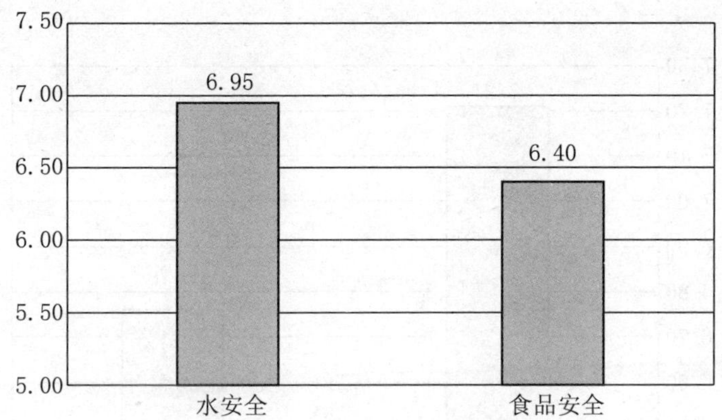


**图 2.27　大连市城市环境分维度得分**

图 2.28 显示的是南昌市城市环境分维度得分。其中，水安全得分 7.06，食品安全得分 7.30。南昌作为非沿海城市，水安全和食品安全得分较高，说明相关举措获得了市民的高度认可。这也说明南昌市政府在水安全和食品安全的宣传以及治理上均取得显著的成效。

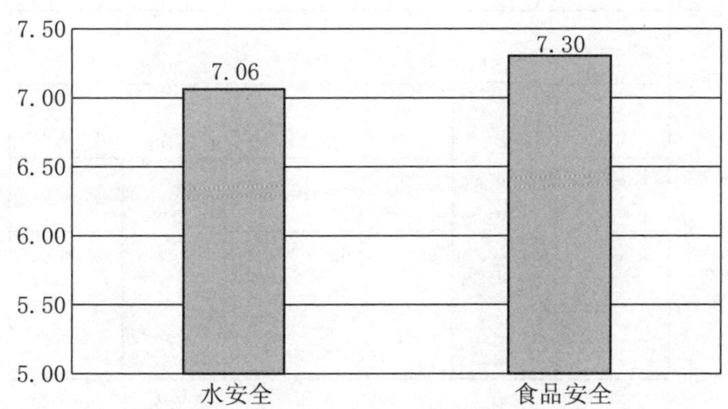


**图 2.28　南昌市城市环境分维度得分**

图 2.29 显示的是成都市的环境分维度得分。其中，水安全得分 7.21，食品安全得分 6.76。水安全得分在全部 35 座城市中名列前茅。食品安全得分在全部城市中属于中上水平，仍有提升空间。

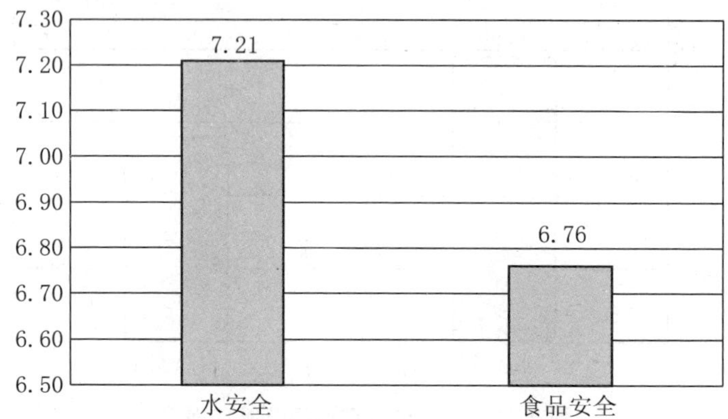


**图 2.29　成都市城市环境分维度得分**

图 2.30 显示的是贵阳市的城市环境分维度得分。其中，水安全得分 7.51，食品安全得分 6.98。贵阳的水安全和食品安全得分在全部 35 座城市中属于佼佼者，说明贵阳在这两个维度的城市治理上效果显著，其治理方法值得其他城市借鉴与学习。

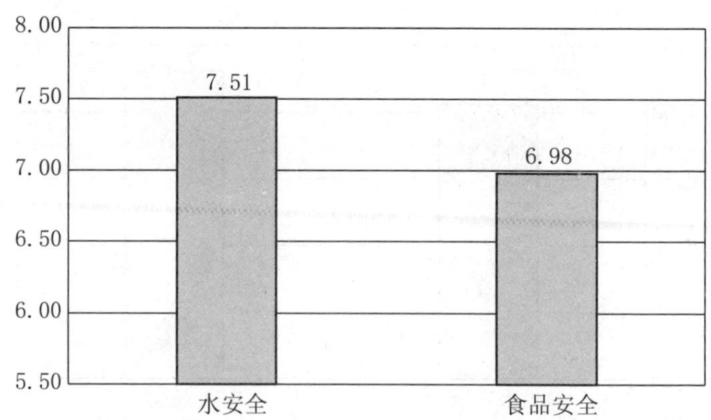


**图 2.30　贵阳市城市环境分维度得分**

图 2.31 显示的是乌鲁木齐市的城市环境分维度得分。其中，水安全得分 7.19，食品安全得分 7.18。乌鲁木齐市位于我国西北内陆，在水资源条件相对匮乏的情况下，却取得水安全高分。这说明乌鲁

木齐市在水安全方面下重拳治理。与此同时，乌鲁木齐市的食品安全得分也名列全国前茅，经验与方法值得其他城市借鉴。

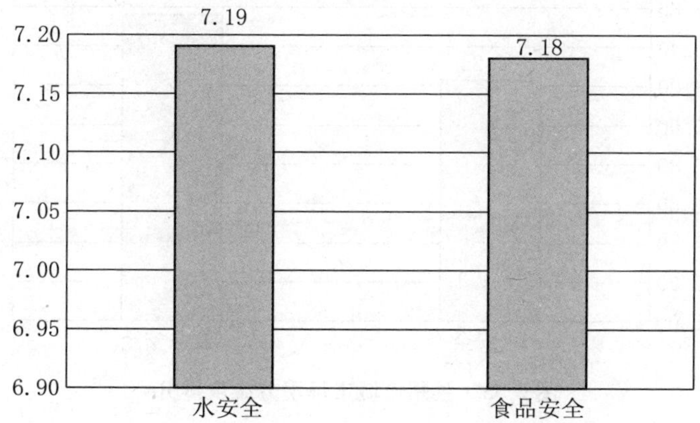


**图 2.31　乌鲁木齐市城市环境分维度得分**

图 2.32 显示的是南京市的城市环境分维度得分。其中，水安全得分 7.30，食品安全得分 6.46。两个维度分数相差较大，在肯定水治理的优异成果时，南京应当更加关注食品安全的建设问题。

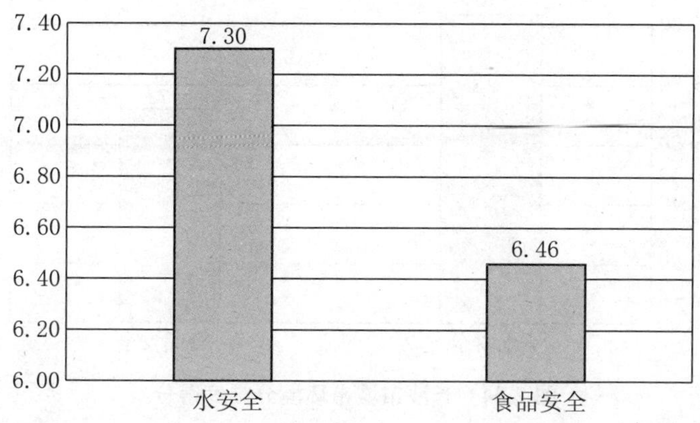


**图 2.32　南京市城市环境分维度得分**

图 2.33 显示的是兰州市的城市环境分维度得分。其中，水安全得分 6.23，食品安全得分 6.56。兰州地处我国西北地区，水资源相对

匮乏,水安全得分较低也可理解。其食品安全分值也有待提升。

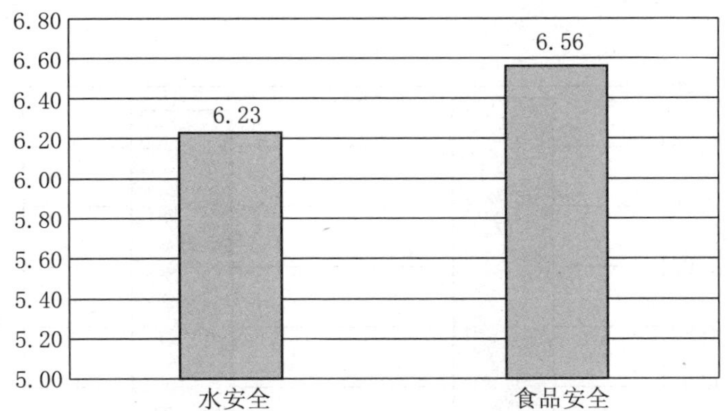


**图 2.33 兰州市城市环境分维度得分**

图 2.34 显示的是长沙市的城市环境分维度得分。其中,水安全得分 7.04,食品安全得分 6.72。长沙的水安全得分略高于其食品安全得分。

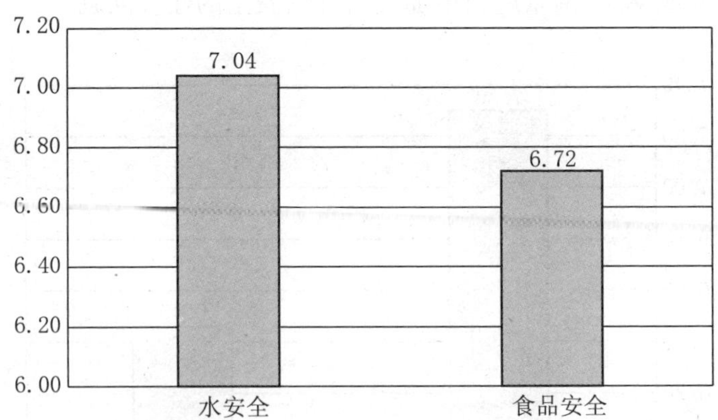


**图 2.34 长沙市城市环境分维度得分**

图 2.35 显示的是太原市的城市环境分维度得分。其中,水安全得分 6.38,食品安全得分 6.26。两个维度的得分在全部 35 座城市中均处于劣势。所以,太原市应同水安全治理和食品安全治理得分优

异的城市进行更多交流与学习。

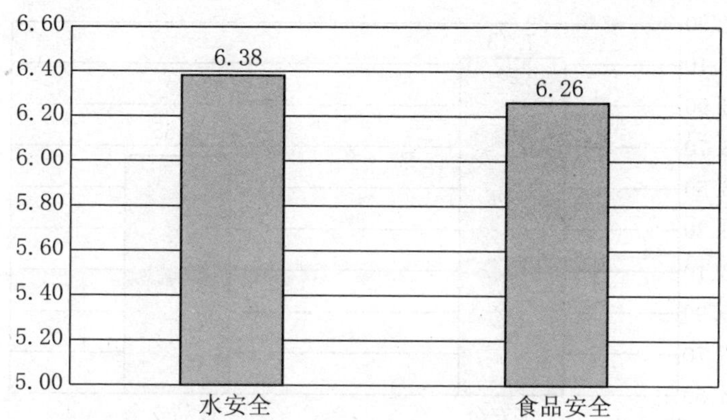


**图 2.35　太原市城市环境分维度得分**

图 2.36 展示的是呼和浩特市的城市环境分维度得分。其中，水安全得分 7.01，食品安全得分 6.78。两个维度得分差异不大。

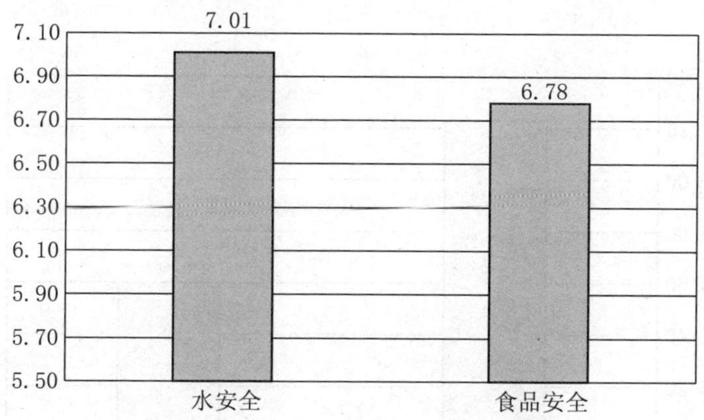


**图 2.36　呼和浩特市城市环境分维度得分**

图 2.37 展示的是上海市的城市环境分维度得分。其中，水安全得分 7.13，食品安全得分 6.65。上海市的水安全得分高于食品安全得分。上海市政府应当更多关注于食品安全相关的治理，加强监管，

给市民以放心的食品。

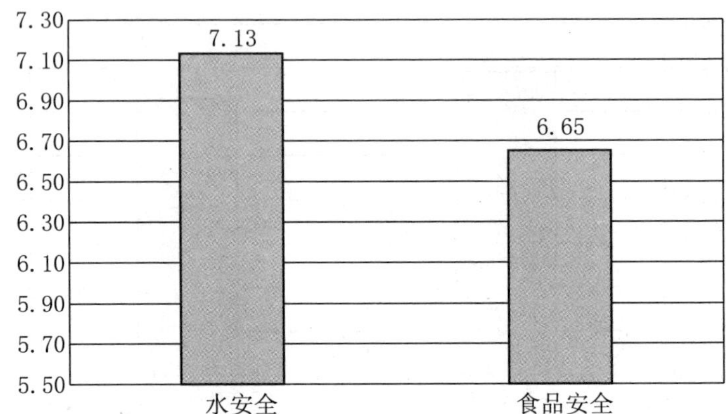


**图 2.37 上海市城市环境分维度得分**

图 2.38 显示的是郑州市的城市环境分维度得分。其中,水安全得分 7.23,食品安全得分 6.60。郑州市水安全和食品安全得分相差较大,政府应当更加注重食品安全的建设。

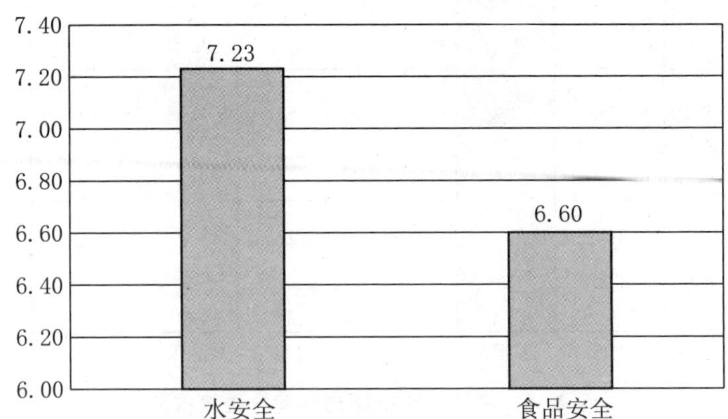


**图 2.38 郑州市城市环境分维度得分**

图 2.39 显示的是广州市的城市环境分维度得分。其中,水安全得分 6.77,食品安全得分 6.44。两个维度的得分在全国 35 座城市中

均处于中间位置。广州市的食品安全得分略低于水安全得分。

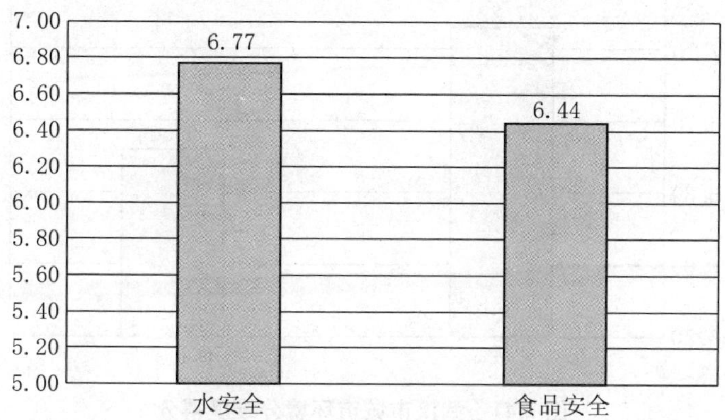


**图 2.39　广州市城市环境分维度得分**

图 2.40 显示的是合肥市的城市环境分维度得分。其中，水安全得分 6.92，食品安全得分 6.40。合肥市的水安全得分明显高于食品安全得分，政府应着重关注食品安全工作的推进。

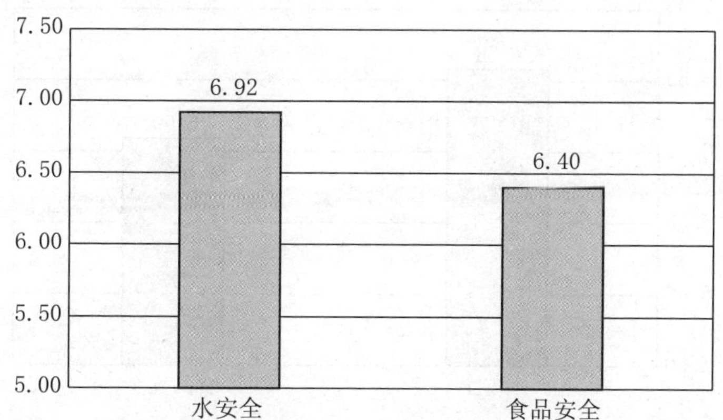


**图 2.40　合肥市城市环境分维度得分**

图 2.41 显示的是武汉市的城市环境分维度得分。其中，水安全得分 7.22，食品安全得分 6.54。武汉市的水安全得分远远超过食品安全得分，政府应当增强对食品安全的监管。

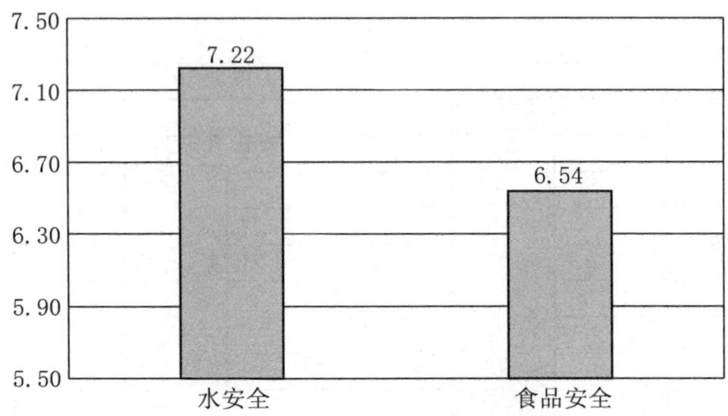


**图 2.41　武汉市城市环境分维度得分**

图 2.42 显示的是长春市的城市环境分维度得分。其中，水安全得分 6.58，食品安全得分 6.09。长春市两个维度的得分都相对较低，可以加强同得分较高城市的交流学习合作。

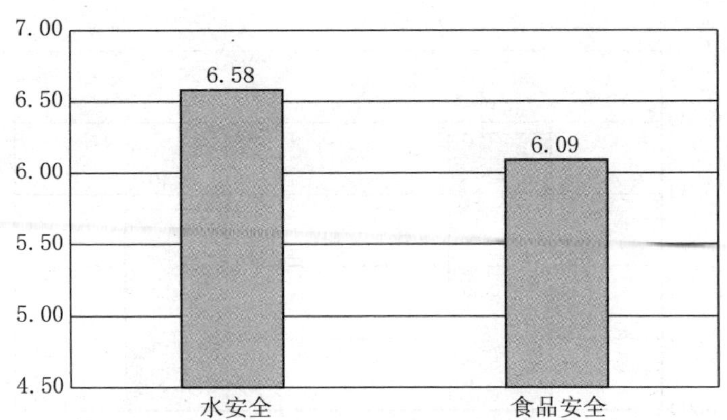


**图 2.42　长春市城市环境分维度得分**

## 三、C 类城市

图 2.43 展示的是哈尔滨市的城市环境分维度得分。其中，水安全得分 7.01，食品安全得分 6.58。哈尔滨市食品安全得分低于水安

全得分，政府应当加强对食品安全的监督管理工作。

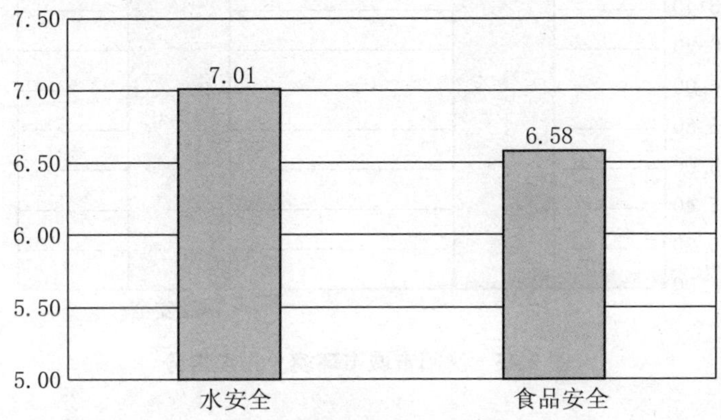


**图 2.43　哈尔滨市城市环境分维度得分**

图 2.44 显示的是济南市的城市环境分维度得分。其中，水安全得分 6.68，食品安全得分 6.37。济南市水安全得分和食品安全得分相差不大。济南水资源较为丰富，但水安全得分不高，应当引起管理者的重视。

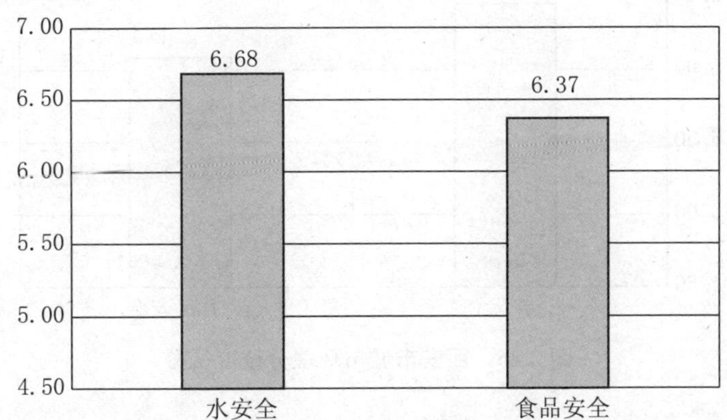


**图 2.44　济南市城市环境分维度得分**

图 2.45 显示的是沈阳市的城市环境分维度得分。其中，水安全得分 6.53，食品安全得分 6.48。两个维度的得分都偏低。

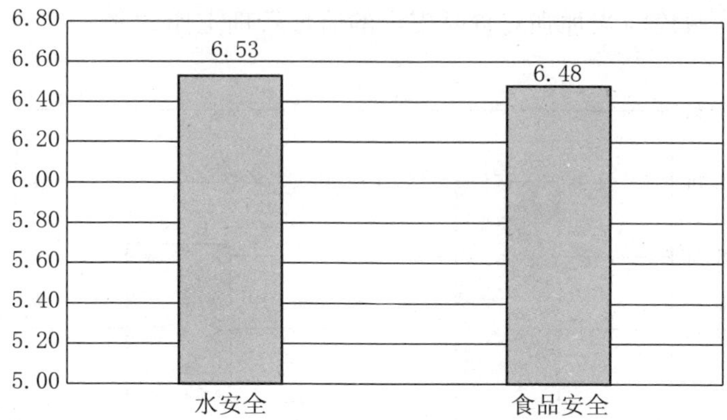


**图 2.45　沈阳市城市环境分维度得分**

图 2.46 显示的是西安市的城市环境分维度得分。其中,水安全得分为 6.46,食品安全得分为 6.09。两个维度的得分均较低。特别是食品安全的得分在全国 35 座城市中处于末端,应当引起西安市政府的注意。

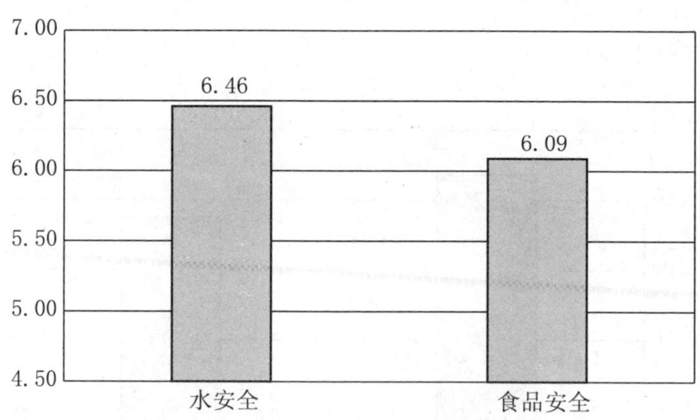


**图 2.46　西安市城市环境分维度得分**

图 2.47 显示的是天津市的城市环境分维度得分。其中,水安全得分 6.65,食品安全得分 6.17。天津市水安全得分和食品安全得分均不高。其食品安全得分在全国范围来看处于末端,应当引起管理者的重视。

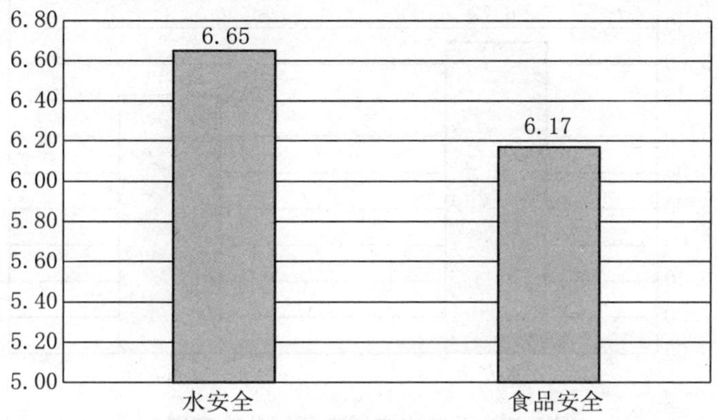


**图 2.47　天津市城市环境分维度得分**

图 2.48 展示的是北京市的城市环境分维度得分。其中，水安全得分 7.03，食品安全得分 6.15。北京市的水安全得分处于中上水平。作为首都，在食品安全检查更为严格的情况下，得分却处于 35 座城市中的末端。北京市相关单位应当深入群众了解问题所在，以开展后续工作。

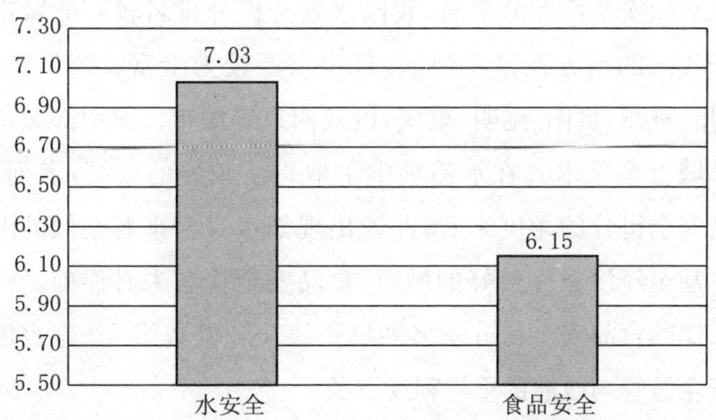


**图 2.48　北京市城市环境分维度得分**

图 2.49 显示的是石家庄市的城市环境分维度得分。其中，水安全得分 6.72，食品安全得分 6.43。两个维度的得分差异不大。

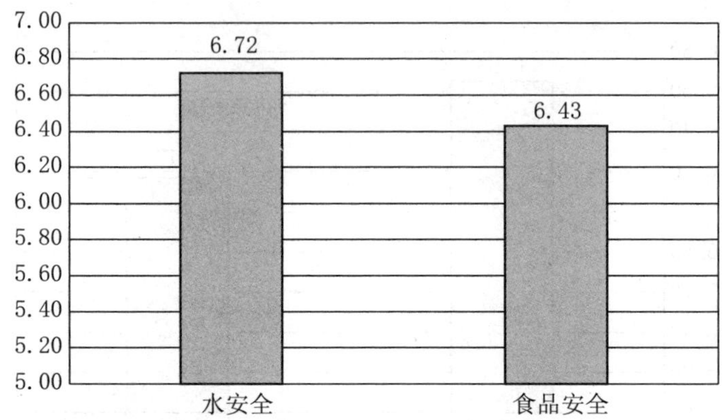


**图 2.49　石家庄市城市环境分维度得分**

综合以上分析，通过对全国 35 座主要城市在水安全性和食品安全性两个维度的状况进行比较后发现：全国 35 座主要城市中有 33 座的水安全得分高于其食品安全得分，占全部城市的 94%。35 座城市的水安全平均值为 7.02，而食品安全的平均值仅为 6.57。由此可见，我国城市在水安全治理方面获得了较多居民的认可。政府应当提高对食品安全工作的重视程度。

从水的安全性评分来看，我国水安全得分排名较好的城市主要集中于我国的南方及沿海地区，且水资源较为丰富。例如宁波、南宁、福州、杭州、贵阳、昆明、重庆，以及南京等城市。但中部城市郑州和西部城市乌鲁木齐在水治理中也取得了较好的成绩，名列前茅。从食品安全得分的角度来看，并未出现如水安全排名类似的南北方差异。甚至经济条件较好的城市，食品安全排名未必靠前。例如北京和天津的食品安全得分就名列倒数第 4 和倒数第 5。这也说明了食品安全监管与政府的重视程度有关。

另外，通过对两个维度得分的对比，我们也发现城市的环境治理过程中可能过于关注一件事情而忽视其他问题。例如，我国多个城市的水安全得分和食品安全得分差异巨大。例如，福州市的水安全得分高于其食品安全得分 1.09 分、杭州市的差异为 1.04 分、海口市的差异为0.92分、北京市的差异为0.88分、南京市的差异为0.84分、武汉市的差异为0.68分、厦门市的差异为0.65分，而郑州市和昆明市的差异均为0.63分。这一情况应当引起当地政府的重点关注，查找在食品安全监管过程中有何疏漏，以及食品安全监管的目标与群众的期望有何差异。只有扎根于群众才能更好地开展后续的食品安全监管工作。相比而言，个别城市在水安全和食品安全方面均表现优异。例如，乌鲁木齐市两个高分维度的差异仅有0.01、呼和浩特市的差异为0.23，以及南昌市的两个维度差异也只有0.24。由此可见，这三座城市的管理者将水安全治理与食品安全治理放到了同等重要的位置，并且获得了市民较高的认可，值得其他城市学习和借鉴。

## 第五节　小　结

通过本轮对全国35座主要城市居民的电话调查，并对比2017年的调查数据，我们有机会了解我国主要城市在过去两年的环境治理过程中取得的成就和今后改善的方向。除此以外，本章还专门研究了居民对环境污染对其身体造成伤害的看法，以及对环境保护与经济发展两者之间关系的态度。需要特别指出的是，本轮调查是以城市居民的主观测评为基础的，而不是基于其他学科视角进行的研究。本书更多体现的是居民的直观感受。因为我们认为，居民的直观感受和需求应当成为政府社会治理目标的核心指标。

本章通过五个问卷问题对全国35座城市居民的环境保护感受和态度进行探究，得出以下几点结论：

第一，从城市综合污染层面来看本轮调查的排名结果，我们发现南北差异相比上一次调查（2017年）更为明显。综合环境污染最轻的十座城市中的北方城市从2017年的3座减少为1座，而综合环境污染最重的十座城市中的南方城市也从6座减少到了1座。由此可见，我国南方居民对环境的满意程度已经远远高于北方城市居民。另外,本轮排名还显示,我国以重工业为主的一线城市环境污染较重。例如,污染最重的十座城市都是一线重工业城市或曾经是重工业城市:石家庄、北京、天津、西安、沈阳、济南、哈尔滨、长春、武汉与合肥。这十座城市还表明了我国的环境污染重灾区主要集中于京津冀地区和东北三省。相比之下,我国污染最轻的十座城市中许多是以第三产业为主的。例如福州、海口、南宁、厦门、宁波和昆明等。由此可见,产业结构与我国城市的污染状况息息相关。尽管津京冀地区已经开展较大规模的产业升级和工业结构转型,但由于环境污染具有长时间的生态和社会环境危害,所以想要彻底地改变生态环境需要一定的时间。

第二,从水安全的维度来看,我国 35 座城市中有 33 座城市居民对城市水安全的信心高于对食品安全的信心。从水安全城市排名来看,地理位置对城市居民的水安全评分有较大影响。水安全排名前十的城市大多位于南方且城市周边水系较为发达,例如宁波、南宁、杭州、贵阳、昆明、重庆、厦门和武汉等。但也有部分水系发达的城市水安全排名并不高,例如广州和济南。这需要引起两地政府的特别注意。而西部城市的水安全评分相对较低,例如兰州、西安和西宁。在受地理限制的情况下开展水安全性治理需要更为独特的手段和思路,在这一点上乌鲁木齐表现出色。西北地区的城市可以学习和借鉴乌鲁木齐的经验与方式。

第三,从食品安全性的维度来看,排名较高(安全性较高)的城市大多位于南方,例如宁波、南昌、南宁、贵阳、重庆和昆明等地。而排名靠后的城市以北方城市为主。其中,在水安全性排名中垫底的天津、太原、长春、济南和西安等地再次居于食品安全排名的末尾。这些城市在水安全性和食品安全性两个维度上都未能令市民满意。而前文也指出了绝大多数城市居民对水安全性的认可度高于食品安全性。所以对于水安全性得分较高的城市,特别是对于水系较为发达、水资源较为充沛的地区,管理者应当把治理的重点覆盖到对食品安全的监督管理工作上。

第四,公众对环境污染的最主要担忧来自污染对其自身健康造成的伤害。本轮调查显示,有约三分之一的居民认为环境污染对他们的身体造成了非常大的伤害或者一些伤害。这一比例同 2017 年的数据相比减少了近两成。数据比例减少的原因可能与城市环境的改善相关。当然,居民除了切身感受环境的变化,新闻报道是其了解环境污染的另一个途径。当一个城市发生环境污染事件或食品安全事件的时候,居民对环境污染问题就会变得更为敏感。这种情况也会影响居民对环境污染的看法。所以,在环境污染治理的过程中,政府作为管理者需要做好信息公开,获得居民的信任,这对环保工作的顺利开展起到了帮助作用。

第五,“五大发展理念”的提出不仅显示了我国政府发展思路的转变,更重要的是也影响着民众的认知。我国有近一半的民众认为环境保护比经济发展更加重要,有相似的人口比例认为两者同样重要。同 2017 年的数据相比,认为环境保护比经济发展更重要的人增长了近一成,而认为同等重要的居民占比也减少了一成。这说明我国城市居民越来越强调环境保护的重要性大于经济发展。造成这种现象的一个重要因素就是环境破坏和污染已经对我国经济发展造成了阻碍并对民众的身体健康造成了危害。所以,相较于以往城市居民对经济发展的强调,在新时代,城市居民更加看重环境保护及可持续发展。

总而言之,通过本轮全国范围的调查,无论是综合污染程度、水安全性、食品安全性,还是城市居民对环境危害对其个人健康以及环境保护与经济发展之间的关系来看,我国的环境保护工作总体上取得了进步。与其他环境相关的研究不同,本书的侧重点强调城市居民的主观意识和看法,而非其他基于例如环保数据监控或技术治理的研究。所以,本轮调查的初心也是来弥补政府工作同城市居民期望之间的间隙。这样,政府在制定环境保护策略和实施政策的时候才能更加从“人本”主义角度出发,而非“官本”主义角度,避免资源的浪费。环境治理并非一朝一夕的工作,其产生的效果也并非可以立刻显现。生态的恢复和环境的保护涉及产业转型等多个社会政治经济领域,所以治理既需要时间,也需要协调合作。各级政府应当依据“五大发展理念”及联合国的可持续发展目标,并根据各地的特点严格落实国家各项环境保护相关的政策法规,这样才能最终可持续地推动美丽中国的建设。

# 第三章　政府环境治理的公众评价

预防和治理生态环境的污染与破坏，需要普通民众增强环保意识、树立环保观念、践行环保生活，更需要各级地方政府有勇气、有魄力统筹协调、综合部署、真抓实干。自 2015 年 1 月 1 日新《环境保护法》实施以来，各类各级生态环境保护政策规章陆续颁布出台，环保治理体制经历系统彻底的改革，环保督查全面持续展开，环保运动也在制度化、规范化和常态化的发展轨迹中，逐步巩固并扩大其环境治理的成果。作为一项复杂的系统工程，环境治理早已超出阻止垃圾污染，控制环境破坏，维持资源、环境、生态可持续发展的自然科学范畴。从某种程度上看，它已经成为考察当代政府治理能力、治理体系和治理水平的重要方面。因此，全面系统地了解社会公众对地方政府治理环境效果的感知、期待和信心，有助于地方政府及时发现问题、解决问题，从而推动地方经济、政治、文化、社会和生态文明的协调发展。

本章根据全国 35 座城市的居民调查，从三个方面了解民众对城市政府生态环境建设方面的主观意见。这三个方面分别是城市居民对政府环境治理综合评价（包括对环境治理需求和效果两个方面）、地方环境治理信息公开评价以及城市居民对中央政府和地方政府治理环境的信心调查。本章每节将结合经济社会人口的分析指标，探索其中对民众评价影响的关键因素。

## 第一节　城市居民对政府环境治理需求与效果的评价分析

根据一般需求理论，随着技术能力、经济基础、社会资本的积累增长，个体需求会由生理生存需求逐步发展至自我实现的需求。在“多建廉租房”“改善医疗条件”“发展经济”“治理环境污染”和“投资教育”等需求中，“多建廉租房”和“发展经济”对普通老百姓来说，直接关系着最基本的住房保障和生存来源。从近几年的调查数据可以看出，很多民众已经解决了温饱问题，对个人和家庭发展的期待已经转向为更高的阶段水平。“改善医疗”“投资教育”和“治理污染”就是建设高质量、有尊严、幸福的城市生活的重要方面。其中，教育关乎家庭的未来，在中国文化中始终处于核心地位。医疗和环境都关系着个体健康，前者对个体影响似乎更直接，而后者的作用则更复杂、更长期、更宏观。因此，从这三方面来说，愿意投资环境污染治理，是相对更具公共追求的表现。

本节通过描述 2019 年调查问卷中两道问题的回答情况，分析 35 座城市的居民对当地政府环境治理的实际需求和总体效果的主观态度，并结合人口特质和往年数据，归纳居民态度的影响因素和大致趋势。

### 一、城市居民对政府环境治理需求的调查

#### (一) 结果分析

1. 总体结果

根据往年的调查结果，2019 年对城市居民环境治理需求的问卷，设置在第 24 题，即“如果您所在的城市的政府突然有一笔额外的收入，您希望政府将这笔钱用在以下什么方面”中，依次设置了“多建廉租房”“改善医疗条件”“发展经济”“治理环境污染”和“投资教育”五个选项。和往年相比，2019 年增加了对教育资源投资需求的比较考察，并将该选项放置在最后。结果表明，增加该选项使居民支持地方

政府的投资意愿形成三足鼎立的状况。换言之，教育、医疗和环保目前是中国大多数老百姓关切的焦点。环境治理在经济发展、住房保障、改善医疗和投资教育等诸多公共需求中占据重要地位。

从图 3.1 可以看到，在保持地方公共支出的现状且不增加地方财政负担的情况下，2019 年各城市受访居民支持将更多资金投入住房、医疗、经济、环保或教育领域的，占总人口的 4.11%、25.80%、5.22%、32.75%和 32.17%。从调查数据来看，环保已经和教育、医疗一样，成为城市居民关注的重点。虽然其中可能存在一部分受访居民受问卷调查主题的影响，换言之，居民实际支持政府增加治理环境投入的意愿可能没有如此强烈。但和对增加保障型住房供给和发展经济需求之间的悬殊差异相比，至少可以在一定程度上推断，大多数居民在理念或感受上认为，加大对环境保护的投入应该和扩大教育资源、改善医疗条件同等重要。这一结果，和近几年城市居民环保认知的调查结果是相互印证的。

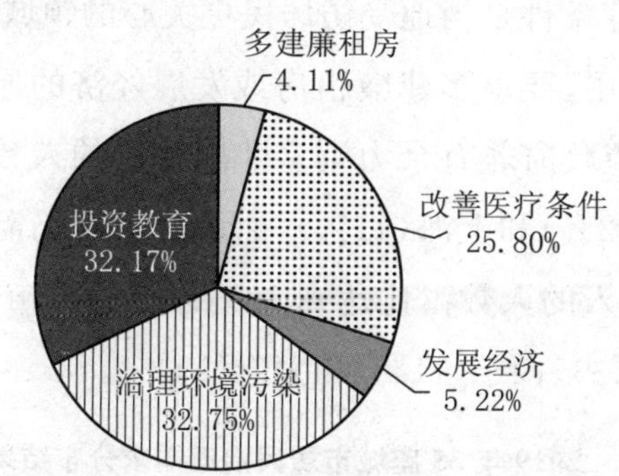


**图 3.1　2019 年城市居民治理需求调查总体结果**

2013 年、2015 年和 2017 年的问卷中，针对城市居民环境治理需求的调查，分别在第 30、23 和 22 题中，选项主要有多建廉租房、改善医疗条件、发展经济和治理环境污染四个方面，其中多建廉租房在受访人群中的需求度三年中从没超过 10%，发展经济的调查数据在 2017 年上升至 11.7%。但总体来说，在多年调查中，公众对廉租房和发展经济的要求没有改善医疗条件和治理环境污染的迫切程度来得高。尤其在城市生态环境方面，城市居民给予相对较高的重视程度，以往连续三轮调查(2013 年：50.7%；2015 年：54.4%；2017 年：50.2%)都有超过半数的受访者支持地方政府将富余的财政收入投放到环境治理方面。联系 2019 年的调查数据，可以发现，五年多以来，城市居民对地方环境生态污染非常敏感，某种情况下其焦虑程度甚至可能超过对医疗和教育资源改善的强烈需求。

2. 各城情况

从各个城市的调查数据来看，教育、环境和医疗同样是各大城市居民普遍关心的公共事业。其中，济南、北京、成都、西安、长沙、南京、呼和浩特、银川等城市的居民，在不影响现有公共基础设施建设和公共服务投入的基础上，更愿意政府增加在环境保护和治理污染方面的支出。广州、贵阳、武汉、深圳、厦门等城市的受访居民，则更倾向于增加教育投资。而南宁、海口、太原和西宁等城市的调查数据则显示，改善医疗条件是当地受访居民更关心的领域。相较而言，几乎所有调查城市中，要求多建廉租房或发展经济的愿望并不是如此明显。例如，希望政府若有余力则多建廉租房的人数占比稍高些的城市只有深圳(12%)和上海(11%)，而认为政府仍需要在促进经济发展方面增加投入的人数占比达到 10%以上的城市有沈阳(11%)、乌鲁木齐(10.68%)、西宁(11%)和大连(10%)。

**表 3.1　2019 年 35 座城市居民治理需求分布结果(%)**

| 城市 | 各城市公共投入意愿分布总体情况 | | | | | 以环投为基准的意愿比较情况 | | | | |
|---|---|---|---|---|---|---|---|---|---|---|
| | 多建廉租房 | 改善医疗条件 | 发展经济 | 治理环境污染 | 投资教育 | 比住房 | 比医疗 | 比经济 | 比教育 | 极差和 |
| 济南 | 0.00 | 25.00 | 4.00 | 44.00 | 27.00 | 44.00 | 19.00 | 40.00 | 17.00 | 36.00 |
| 北京 | 4.00 | 28.00 | 1.00 | 39.00 | 28.00 | 35.00 | 11.00 | 38.00 | 11.00 | 22.00 |
| 成都 | 1.00 | 26.00 | 1.00 | 39.00 | 33.00 | 38.00 | 13.00 | 38.00 | 6.00 | 19.00 |

(续表)

| 城市 | 各城市公共投入意愿分布总体情况 | | | | | 以环投为基准的意愿比较情况 | | | | |
|---|---|---|---|---|---|---|---|---|---|---|
| | 多建廉租房 | 改善医疗条件 | 发展经济 | 治理环境污染 | 投资教育 | 比住房 | 比医疗 | 比经济 | 比教育 | 极差和 |
| 西安 | 2.00 | 19.00 | 4.00 | 39.00 | 36.00 | 37.00 | 20.00 | 35.00 | 3.00 | 23.00 |
| 杭州 | 5.00 | 18.00 | 3.00 | 37.00 | 37.00 | 32.00 | 19.00 | 34.00 | 0.00 | 19.00 |
| 长沙 | 3.96 | 21.78 | 4.95 | 36.63 | 32.67 | 32.67 | 14.85 | 31.68 | 3.96 | 18.81 |
| 合肥 | 0.00 | 34.00 | 7.00 | 36.00 | 23.00 | 36.00 | 2.00 | 29.00 | 13.00 | 15.00 |
| 南京 | 5.00 | 28.00 | 7.00 | 36.00 | 24.00 | 31.00 | 8.00 | 29.00 | 12.00 | 20.00 |
| 沈阳 | 0.00 | 16.00 | 11.00 | 36.00 | 37.00 | 36.00 | 20.00 | 25.00 | −1.00 | 21.00 |
| 呼和浩特 | 2.00 | 30.00 | 7.00 | 35.00 | 26.00 | 33.00 | 5.00 | 28.00 | 9.00 | 14.00 |
| 银川 | 4.00 | 29.00 | 4.00 | 35.00 | 28.00 | 31.00 | 6.00 | 31.00 | 7.00 | 13.00 |
| 哈尔滨 | 0.00 | 25.00 | 8.00 | 34.00 | 33.00 | 34.00 | 9.00 | 26.00 | 1.00 | 10.00 |
| 长春 | 5.00 | 32.00 | 6.00 | 34.00 | 23.00 | 29.00 | 2.00 | 28.00 | 11.00 | 13.00 |
| 乌鲁木齐 | 1.94 | 22.33 | 10.68 | 33.01 | 32.04 | 31.07 | 10.68 | 22.33 | 0.97 | 11.65 |
| 福州 | 10.00 | 24.00 | 5.00 | 33.00 | 28.00 | 23.00 | 9.00 | 28.00 | 5.00 | 14.00 |
| 兰州 | 1.00 | 22.00 | 4.00 | 33.00 | 40.00 | 32.00 | 11.00 | 29.00 | −7.00 | 18.00 |
| 南昌 | 2.00 | 24.00 | 7.00 | 33.00 | 34.00 | 31.00 | 9.00 | 26.00 | −1.00 | 10.00 |
| 郑州 | 4.00 | 21.00 | 0.00 | 33.00 | 42.00 | 29.00 | 12.00 | 33.00 | −9.00 | 21.00 |
| 宁波 | 4.90 | 28.43 | 5.88 | 32.35 | 28.43 | 27.45 | 3.92 | 26.47 | 3.92 | 7.84 |
| 昆明 | 6.00 | 20.00 | 6.00 | 32.00 | 36.00 | 26.00 | 12.00 | 26.00 | −4.00 | 16.00 |
| 上海 | 11.00 | 29.00 | 2.00 | 32.00 | 26.00 | 21.00 | 3.00 | 30.00 | 6.00 | 9.00 |
| 深圳 | 12.00 | 15.00 | 1.00 | 32.00 | 40.00 | 20.00 | 17.00 | 31.00 | −8.00 | 25.00 |
| 西宁 | 1.00 | 32.00 | 11.00 | 32.00 | 24.00 | 31.00 | 0.00 | 21.00 | 8.00 | 8.00 |
| 青岛 | 5.00 | 27.00 | 4.00 | 31.00 | 33.00 | 26.00 | 4.00 | 27.00 | −2.00 | 6.00 |
| 重庆 | 2.00 | 28.00 | 4.00 | 31.00 | 35.00 | 29.00 | 3.00 | 27.00 | −4.00 | 7.00 |

（续表）

| 城市 | 各城市公共投入意愿分布总体情况 | | | | | 以环投为基准的意愿比较情况 | | | | |
|---|---|---|---|---|---|---|---|---|---|---|
| | 多建廉租房 | 改善医疗条件 | 发展经济 | 治理环境污染 | 投资教育 | 比住房 | 比医疗 | 比经济 | 比教育 | 极差和 |
| 石家庄 | 6.00 | 27.00 | 5.00 | 30.00 | 32.00 | 24.00 | 3.00 | 25.00 | −2.00 | 5.00 |
| 太原 | 4.00 | 31.00 | 8.00 | 30.00 | 27.00 | 26.00 | −1.00 | 22.00 | 3.00 | 4.00 |
| 厦门 | 5.94 | 23.76 | 2.97 | 29.70 | 37.62 | 23.76 | 5.94 | 26.73 | −7.92 | 13.86 |
| 大连 | 4.00 | 25.00 | 10.00 | 29.00 | 32.00 | 25.00 | 4.00 | 19.00 | −3.00 | 7.00 |
| 武汉 | 5.00 | 22.00 | 7.00 | 29.00 | 37.00 | 24.00 | 7.00 | 22.00 | −8.00 | 15.00 |
| 海口 | 7.00 | 29.00 | 7.00 | 28.00 | 29.00 | 21.00 | −1.00 | 21.00 | −1.00 | 2.00 |
| 天津 | 1.00 | 31.00 | 7.00 | 27.00 | 34.00 | 26.00 | −4.00 | 20.00 | −7.00 | 11.00 |
| 贵阳 | 2.00 | 27.00 | 2.00 | 26.00 | 43.00 | 24.00 | −1.00 | 24.00 | −17.00 | 18.00 |
| 南宁 | 9.90 | 36.63 | 2.97 | 25.74 | 24.75 | 15.84 | −10.89 | 22.77 | 0.99 | 11.88 |
| 广州 | 6.00 | 26.00 | 2.00 | 24.00 | 42.00 | 18.00 | −2.00 | 22.00 | −18.00 | 20.00 |

从表3.1可以看出，在这35座城市中有17座城市的居民认为，若有富余的公共收入，当地政府应该首先投资在治理环境污染上面。例如在济南（见图3.2），有44％的受访居民认为，如果获得额外收入，政府应该首先考虑用来改善环境质量，人数远超过支持投资教育或改善医疗条件的居民数量。

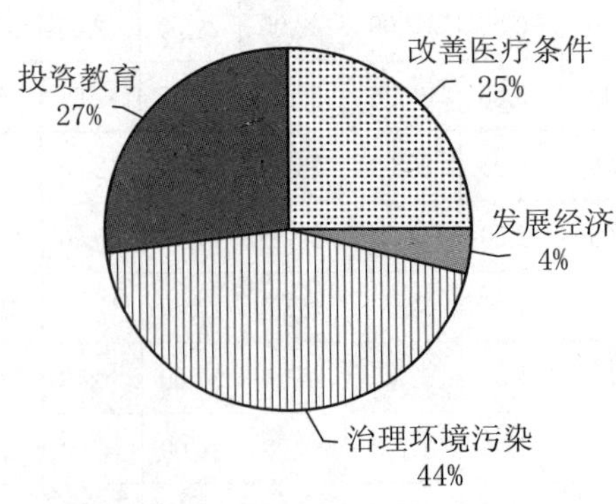


**图3.2 济南市2019年城市居民治理需求调查结果**

多数居民支持首先投资在教育领域的城市有16座。贵阳和广州市(见图3.3)是其中的典型,分别有43%和42%的受访居民表示出对扩大教育公共投入的强烈需求。而受访居民更加期待政府能投资医疗领域的城市包括西宁、太原、海口和南宁。尤其在南宁(见图3.4),36.63%的受访者认为应该将足够的公共支出首先投资在改善医疗条件方面。

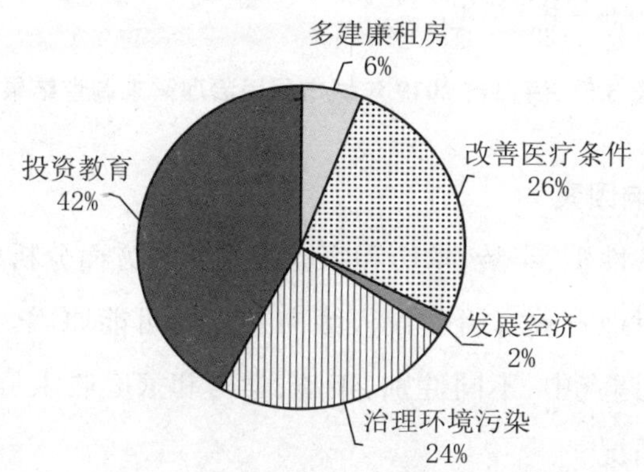


**图3.3　广州市2019年城市居民治理需求调查结果**

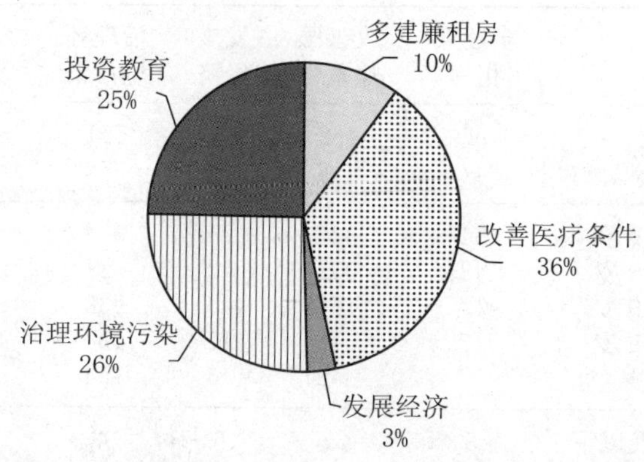


**图3.4　南宁市2019年城市居民治理需求调查结果**

此外,在海口(见图3.5)、太原、石家庄、青岛、大连、重庆、宁波、西宁、上海等市的调查则显示,受访居民对扩大教育资源、改善医疗条件和治理环境污染的支持数量虽然稍有偏重,但差异并不十分明显。

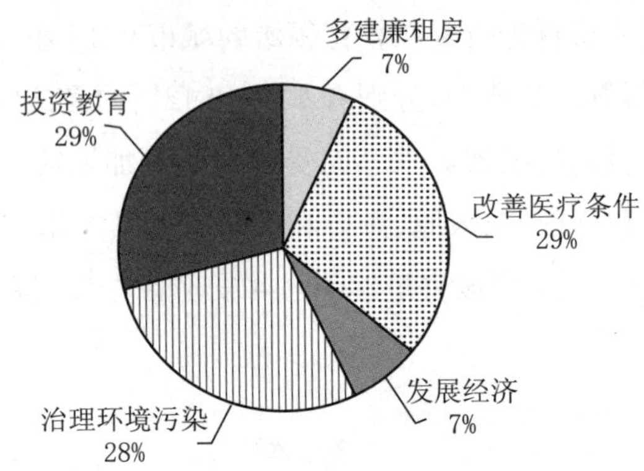


**图 3.5　海口市 2019 年城市居民治理需求调查结果**

## (二) 影响因素

本部分从性别、年龄、学历和家庭收入四个方面分析影响 35 座城市受访居民对地方政府治理投入倾向差异的可能原因。表 3.2 列出了 2019 年的调查中,不同性别、年龄、学历和家庭收入群体投资支持倾向的分布情况。

**表 3.2　2019 年 35 座城市居民治理需求人群分布情况(人次)**

| | | 多建廉租房 | 改善医疗条件 | 发展经济 | 治理环境污染 | 投资教育 | 合计 |
|---|---|---|---|---|---|---|---|
| 性别 | 男士 | 97 | 462 | 118 | 591 | 660 | 1 928 |
| | 女士 | 47 | 443 | 65 | 558 | 467 | 1 580 |
| 年龄 | 18—29 岁 | 64 | 328 | 75 | 398 | 366 | 1 231 |
| | 30—39 岁 | 43 | 292 | 42 | 327 | 382 | 1 086 |
| | 40—49 岁 | 17 | 158 | 43 | 236 | 246 | 700 |
| | 50—59 岁 | 17 | 75 | 17 | 134 | 106 | 349 |
| | ≥60 岁 | 3 | 52 | 6 | 54 | 27 | 142 |
| 学历 | 小学及以下 | 3 | 22 | 6 | 33 | 29 | 93 |
| | 初中 | 12 | 60 | 5 | 76 | 54 | 207 |
| | 高中、中专及相关学历 | 22 | 161 | 29 | 221 | 174 | 607 |
| | 大专 | 35 | 213 | 41 | 277 | 237 | 803 |
| | 大学本科 | 53 | 398 | 78 | 460 | 509 | 1 498 |
| | 硕士 | 17 | 45 | 20 | 63 | 96 | 241 |
| | 博士及以上 | 2 | 6 | 4 | 19 | 28 | 59 |

（续表）

| | | 多建廉租房 | 改善医疗条件 | 发展经济 | 治理环境污染 | 投资教育 | 合计 |
|---|---|---|---|---|---|---|---|
| 家庭收入 | 低下 | 20 | 89 | 20 | 90 | 79 | 298 |
| | 中等偏低 | 50 | 242 | 49 | 280 | 303 | 924 |
| | 中等 | 62 | 489 | 90 | 663 | 611 | 1 915 |
| | 中等偏高 | 9 | 77 | 20 | 103 | 115 | 324 |
| | 高收入 | 3 | 8 | 4 | 13 | 19 | 47 |

1. 性别因素

根据调查统计的结果，从性别（见图 3.6）来看，连续 4 轮调查数据都表明，女性比男性更希望政府在保护环境和改善医疗方面增加投入，而男性在保障住房、发展经济和提升教育方面表达了相当迫切且强烈的期待。其中，在 2019 年的调查中，女性支持增加环保和医疗公共投资的比例明显高出男性数据。

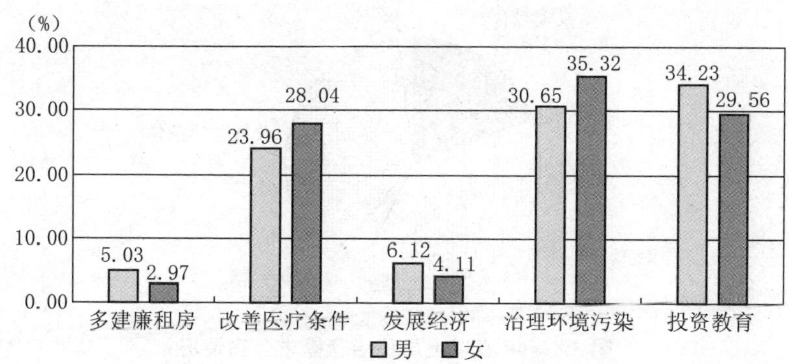


**图 3.6　35 座城市居民治理需求的性别比较**

2. 年龄因素

从年龄角度来看，在 2019 年的调查中，对处在不同人生阶段的受调查居民来说，其生存和发展需求的差异比较显著。小于 30 岁的受调查居民尚未表现出明显不同，支持改善医疗、治理环境和投资教育的人数分布比较均衡，分别是 26.65%、32.33%和 29.73%。30—49 岁的受调查居民更倾向于政府把额外收入投放在教育领域（见图 3.7）。50 岁以上是所有年龄中最重视环境保护的，有 38.40%的受调查居民支持将政府收入用来治理环境污染，改善环境问题。在60岁以后(见图3.8)，除了希望政府将资金投入治理环境污染(38.03%)之外，受调查居民对医疗条件的诉求(36.62%)仅次于环境保护，也显得十分迫切。

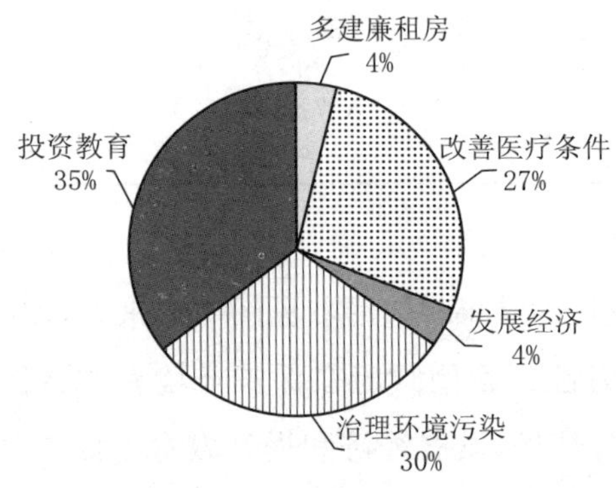


**图3.7　30—49岁居民治理需求分布情况**

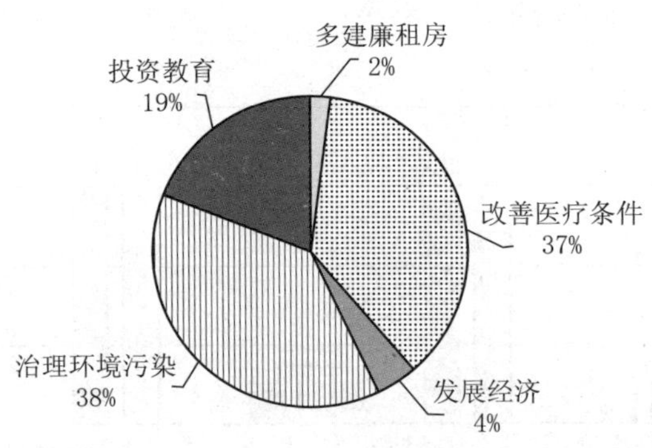


**图3.8　60岁以上居民治理需求分布情况**

3. 学历

在对保护环境更重要还是提升教育更重要的选择上，不同的受教育群体形成了较为明显的对比。大学本科学历以下的受调查居民表达了对环境保护的重视。在最高学历是小学及以下、初中、高中及相关学历、大专的受访者中，认为如果政府有额外收入，应该首先投资环境治理的比例，分别是35.48%、36.71%、36.41%和34.50%。这一数据远高于受教育程度在本科及以上人群。在所有的受调查居民中，42.70%的人接受的最高教育是大学本科。在这一群体中，33.98%的人支持先将政府收入用于发展教育，其次有 30.71％的人认为可以先用于治理污染。随着受教育程度越高，越多的人支持将政府收入投入教育领域（见图 3.9）。博士及以上学历的受访者中，47.46％的人希望政府增加教育支出，环境支出的优先性则排在第二（见图 3.10）。

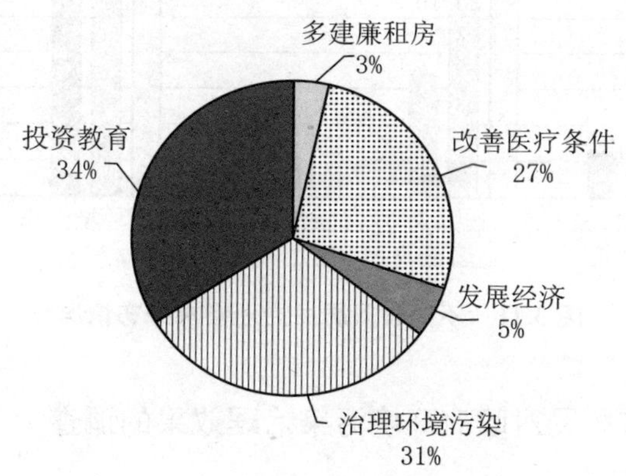


**图 3.9　本科居民治理需求分布情况**

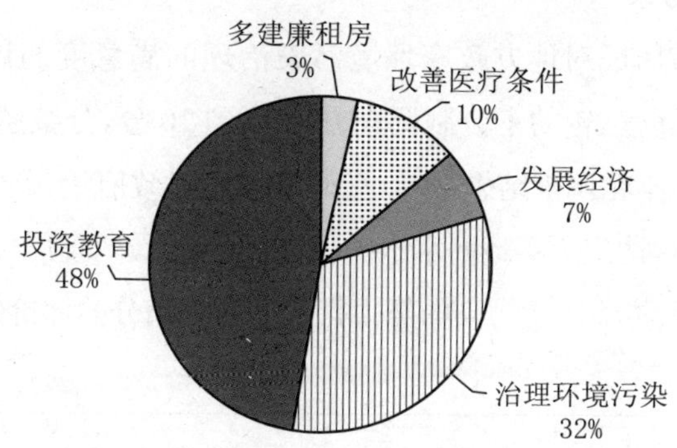


**图 3.10　博士及以上居民治理需求分布情况**

4. 收入

和教育背景分布相比，家庭收入的不同，在支持环境投资还是教育投资上的差异似乎更加明显。对于低收入居民来说，改善医疗和治理环境几乎同等重要。随着家庭收入的增加，对政府投资教育的愿望更加强烈。在受调查群体中，中家庭收入和高家庭收入人群中，分别有 35.49％和 40.43％的人希望政府将额外收入用在教育领域，32.24％和 27.66％的人赞同政府首先考虑把额外收入用在治理环境污染领域(见图 3.11)。

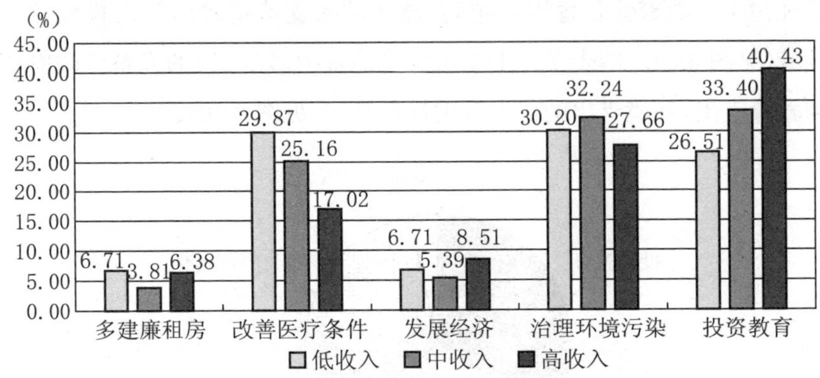


**图 3.11 不同收入居民治理需求分布情况**

## 二、城市居民对政府环境污染治理效果的调查

### (一) 结果分析

1. 总体结果

关于城市居民对地方政府环境污染治理的满意度的评价,2019 年的调查延续了前三轮的十分制调查方法:1 到 10 分,分数越高表示居民满意度越高。本轮调查结果显示,受调查居民对政府治污效果评价的平均值是 6.95 分,达到历年最高水平。超过 20%的受调查居民对当地政府保护生态环境、防治环境污染的努力打出 9 分或满分的评价(见图 3.12)。

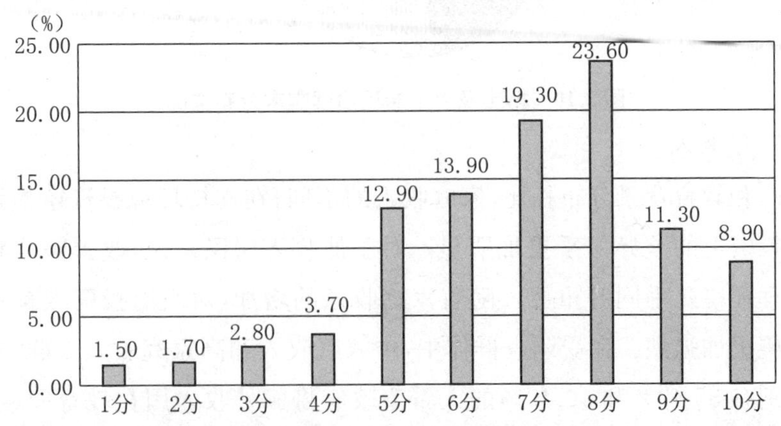


**图 3.12 2019 年 35 座城市居民对当地政府环境污染治理满意度分布情况**

2. 城市排名

图 3.13 形象地显示出在 2019 年的调查中，各城市受调查居民对环境治理满意度的排名情况。对城市环境污染治理给予充分认可且排名靠前的城市有厦门(7.77)、杭州(7.75)、上海(7.66)、南昌(7.42)

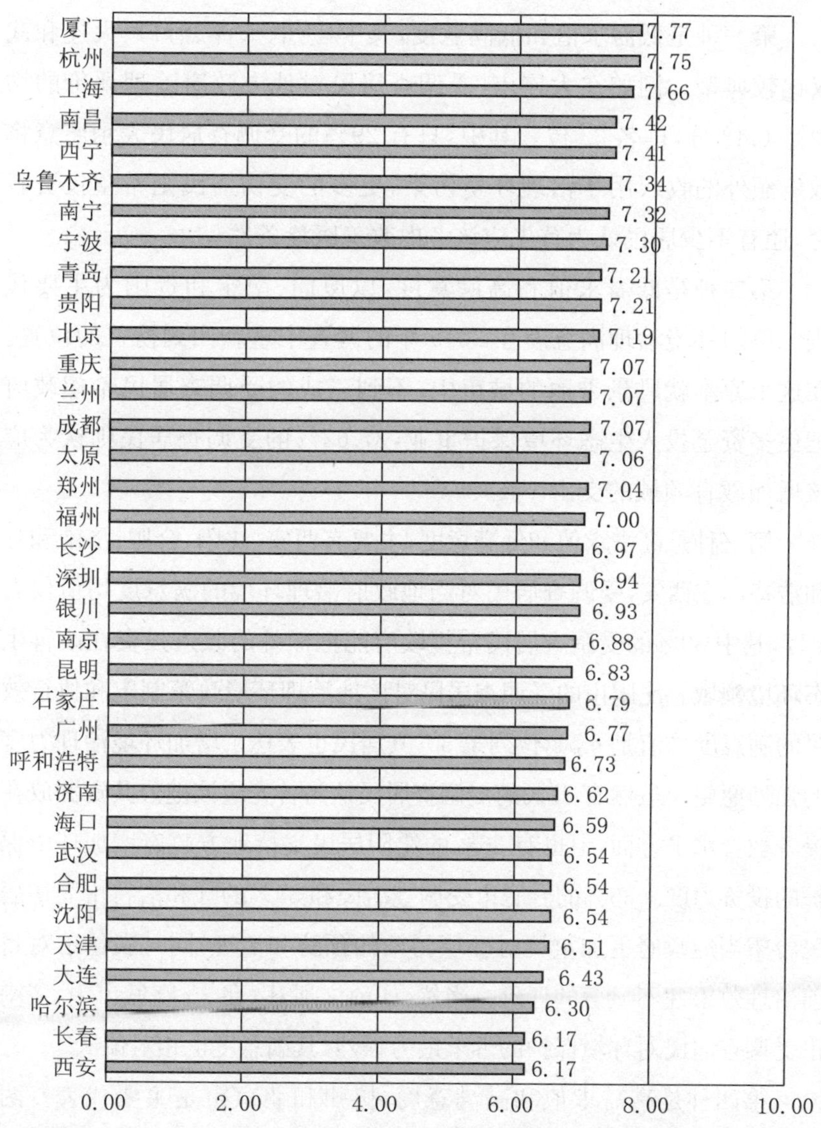


**图 3.13　2019 年 35 座城市居民政府环境污染治理满意度排名情况**

和西宁(7.41),而天津(6.51)、大连(6.43)、哈尔滨(6.30)、长春(6.17)和西安(6.17),受调查居民对地方政府保护环境的政策实施效果评价相对偏低。

结合各城市居民对政府环境治理的需求情况,可以发现35座城市在获得环境治理总体评价方面,可以归纳为四种类型。

第一种是低需求值和低满意度,其中广州、天津、海口、大连和武汉比较典型。例如在大连市,受调查居民对地方政府治理评价的均值是6.43分,排名32位。其中,只有29%的受调查居民表示愿意将政府额外的收入用于治理环境污染,更多的受访居民则希望投资教育,还有不少居民认为首先应该考虑改善医疗条件。

第二种是低需求值和高满意度,以厦门、南宁和贵阳为主要代表。厦门环境治理满意度在2019年的调查中重新回到榜首的位置。在这个原本就风景秀丽的城市中,不到三成的受调查居民希望政府把更多资金投入生态环境保护事业,37.62%的受调查居民则认为应该增加教育领域的支出。

第三种是高需求值和低满意度,主要有西安、沈阳、合肥、济南和呼和浩特。在西安,受调查居民对当地政府治理环境的满意度均值仅有6.17,其中39%的受调查居民希望政府能把额外的收入投资在改善生态环境领域。沈阳市的受调查居民对该地治理环境政策制定和执行效果的满意度均值是6.54,位列第30,其居民也表达了增加环境治理力度的强烈愿望。虽然有37%的受调查居民认为首先应该把公共资源放在提升教育水平方面,但也有36%的沈阳居民支持地方政府增加环境保护的投资力度。36%的合肥市受调查居民和35%的呼和浩特市受访居民希望当地政府更加重视对环境污染的预防和治理,同时表达了对目前治理效果并不显著的评价。当然,如前文所述,在35座城市中,济南市受调查居民对环境保护的诉求最为强烈,其满意度也相对偏低。

第四种是高需求值和高满意度,杭州和北京市是主要代表。两座城市在2019年的环境治理满意度调查中分别获得7.75和7.19的均值。37%的杭州市受调查居民认为地方政府应该先考虑把额外收入用于治理环境污染，这一比例和支持投资教育的数量相当。在北京，环境问题的重要性在居民的认知中更加凸显，39%的比例比支持发展教育或改善医疗高出11%。

### （二）影响因素

2019年的调查中，通过对调查数据的单因素方差分析发现，年龄和学历对公众环境治理满意度的影响通过了显著性检验，具有统计学意义。

#### 1. 年龄因素

在连续四次调查结果中，年龄和对环境治理的满意程度都有显著的关联。如图3.14所示，在所有受调查居民中，30—39岁年龄段群体对城市环境治理效果的评价最低，随着年龄增加，最认同居住地城市污染治理有所改善或改善明显的是50—59岁年龄段群体。值得注意的是，最肯定目前环境治理效果的群体也是最支持将富余的公共资源投入环保领域的群体。这一调查结果和2017年的研究发现高度一致。

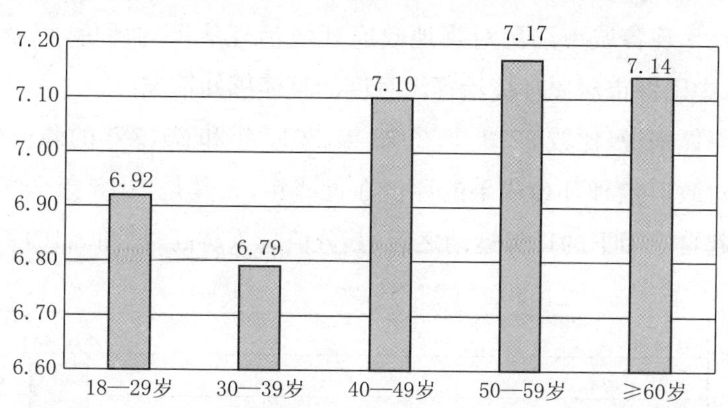


**图3.14　年龄与城市环境污染治理满意度的关系**

#### 2. 学历因素

学历同样是在多次调查中，和环境污染治理满意度关联显著的一个影响因素。2019年的统计数据显示，和年龄调查结果类似，本科以上群体对政府加大环境污染治理投资的支持远不如对教育的支持，但他们也是对环境治理现状最为不满的群体。图3.15显示，最高受教育程度是初中或高中的群体对地方政府改善生态环境的努力最为肯定,分别给出 7.30 和 7.14 的均分,而硕士、博士及以上的群体只打出 6.67 和 6.69 的分值。

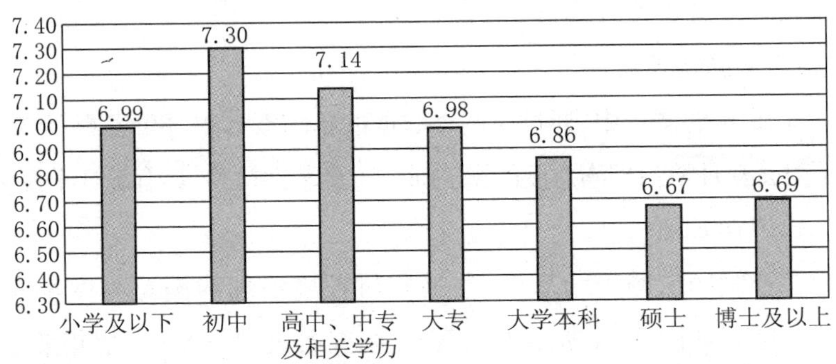


**图 3.15 学历与城市环境污染治理满意度的关系**

## (三) 变化趋势

"您对您所在城市政府在治理环境污染方面的表现打几分"这一题,自本调查研究开始的 2013 年起,每次都采用十分制,因此,可以追踪性地呈现各城市居民对当地政府环境治理效果的评价,以及近六年来,中国城市居民环境治理满意度的整体感知情况。

总体来说,比较 2013 年、2015 年、2017 年和 2019 年的调查结果,民众对政府治理环境成果的评价在近些年,尤其是 2015 年全国范围内掀起自上而下的环保运动之后,其分值越来越高(见图 3.16)。

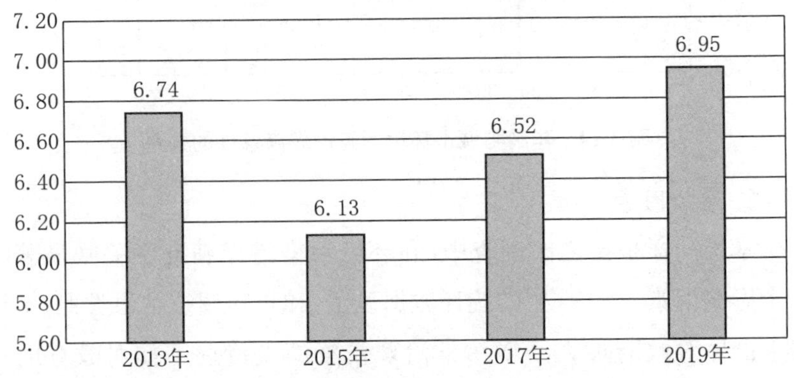


**图 3.16 城市居民环境治理评价的历年趋势分析**

这说明政府在环境治理方面的努力已经被民众感知，并且能够得到民众及时的肯定和认可。在 2017 年的调查中，26.01%的受调查居民打出了 8 分的高度评价，表达了对环保治理的积极态度，到 2019 年，愿意给出 7 分以上的人数则更多(见图 3.17)。

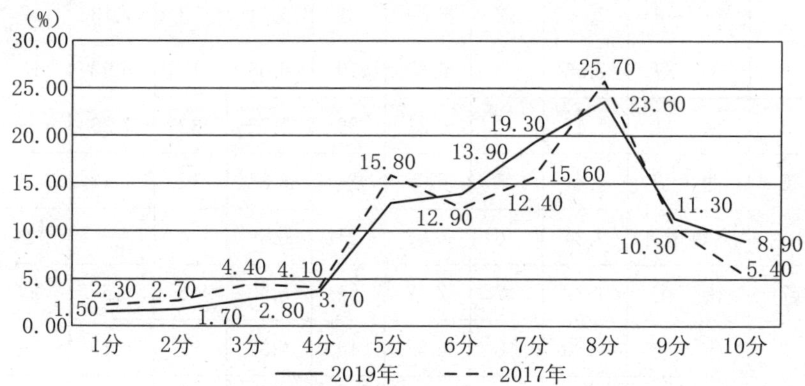


**图 3.17　2017 年、2019 年城市居民环境治理评价分布比较分析**

从城市排名(见表 3.3)来看，在这六年间，35 座城市的居民对地方政府治理环境评价的稳定性不是太高，一些城市的排名起伏比较明显。造成这一状况的原因是复杂的。第一，随着社会、政治、经济、生态等综合情况的变化，各城市政府每年的工作重心会做出一些调整，环境治理效果客观上存在着绝对或相对的进与退。第二，居民的评价打分大多凭借其主观印象，本身带有些随机性。第三，地方治理贴近民众生活，涉及方方面面，各领域间的评价容易发生交叉影响。当然，在这些年的调查中，也有不少城市居民对当地政府环境治理的评价结果相对稳定。例如，厦门的均值从未低于 7 分，南宁 2015 年及以后的排名始终在前十，还有许多城市六年间从未进入过前十。换言之，本研究对公众环境治理满意度评价的调查虽然只是一道简单的问题，但将多年数据联系对比，还是能够为地方治理，尤其是生态环境治理政策的制定提供一些参考。

**表 3.3　2019 年和 2017 年城市政府环境污染治理满意度排名比较**

| 序号 | 城　市 | 2019 年 | | 2017 年 | | 2015 年 | | 2013 年 | |
|---|---|---|---|---|---|---|---|---|---|
| | | 均值 | 排名 | 均值 | 排名 | 均值 | 排名 | 均值 | 排名 |
| 1 | 厦　门 | 7.77 | 1 | 7.08 | 8 | 7.12 | 1 | 8 | 1 |
| 2 | 杭　州 | 7.75 | 2 | 6.09 | 23 | 6.71 | 3 | 7.13 | 7 |
| 3 | 上　海 | 7.66 | 3 | 6.35 | 19 | 6.05 | 17 | 6.92 | 13 |
| 4 | 南　昌 | 7.42 | 4 | 6.21 | 22 | 5.72 | 32 | 7.36 | 3 |
| 5 | 西　宁 | 7.41 | 5 | 6.09 | 24 | 6.34 | 12 | 7.41 | 2 |
| 6 | 乌鲁木齐 | 7.34 | 6 | 6.27 | 21 | 6.59 | 4 | — | — |
| 7 | 南　宁 | 7.32 | 7 | 7.37 | 1 | 6.55 | 5 | 6.6 | 23 |
| 8 | 宁　波 | 7.30 | 8 | 6.5 | 14 | 6.52 | 7 | 6.73 | 19 |
| 9 | 贵　阳 | 7.21 | 9 | 6.27 | 20 | 6.24 | 13 | 7.13 | 8 |
| 10 | 青　岛 | 7.21 | 10 | 6.47 | 15 | 6.21 | 15 | 6.91 | 14 |
| 11 | 北　京 | 7.19 | 11 | 7.21 | 5 | 5.82 | 29 | 5.27 | 34 |
| 12 | 成　都 | 7.07 | 12 | 6.36 | 18 | 6.01 | 20 | 6.79 | 17 |
| 13 | 兰　州 | 7.07 | 13 | 6.63 | 13 | 6.50 | 8 | 5.80 | 33 |
| 14 | 重　庆 | 7.07 | 14 | 6.9 | 11 | 5.97 | 22 | 6.68 | 20 |
| 15 | 太　原 | 7.06 | 15 | 6.04 | 25 | 5.95 | 23 | 6.95 | 11 |
| 16 | 郑　州 | 7.04 | 16 | 5.93 | 27 | 5.60 | 33 | 6.29 | 29 |
| 17 | 福　州 | 7.00 | 17 | 6.82 | 12 | 6.14 | 16 | 6.92 | 12 |
| 18 | 长　沙 | 6.97 | 18 | 6.46 | 16 | 6.53 | 6 | 7.08 | 9 |
| 19 | 深　圳 | 6.94 | 19 | 5.88 | 29 | 6.04 | 18 | 5.89 | 32 |
| 20 | 银　川 | 6.93 | 20 | 5.68 | 34 | 6.80 | 2 | 7.32 | 5 |
| 21 | 南　京 | 6.88 | 21 | 7.28 | 3 | 6.40 | 9 | 7.30 | 6 |
| 22 | 昆　明 | 6.83 | 22 | 7.07 | 9 | 5.89 | 26 | 6.85 | 16 |

（续表）

| 序号 | 城　市 | 2019 年 | | 2017 年 | | 2015 年 | | 2013 年 | |
|---|---|---|---|---|---|---|---|---|---|
| | | 均值 | 排名 | 均值 | 排名 | 均值 | 排名 | 均值 | 排名 |
| 23 | 石家庄 | 6.79 | 23 | 5.82 | 31 | 5.64 | 34 | 6.68 | 21 |
| 24 | 广　州 | 6.77 | 24 | 5.7 | 33 | 5.93 | 24 | 6.20 | 30 |
| 25 | 呼和浩特 | 6.73 | 25 | 5.82 | 30 | 5.76 | 31 | 6.34 | 27 |
| 26 | 济　南 | 6.62 | 26 | 6.38 | 17 | 6.36 | 10 | 7.36 | 4 |
| 27 | 海　口 | 6.59 | 27 | 6.94 | 10 | 6.02 | 19 | 6.99 | 10 |
| 28 | 合　肥 | 6.54 | 28 | 5.64 | 35 | 6.35 | 11 | 6.46 | 25 |
| 29 | 沈　阳 | 6.54 | 29 | 7.31 | 2 | 5.42 | 35 | 6.03 | 31 |
| 30 | 武　汉 | 6.54 | 30 | 7.26 | 4 | 5.87 | 27 | 6.32 | 28 |
| 31 | 天　津 | 6.51 | 31 | 7.1 | 6 | 6.00 | 21 | 6.43 | 26 |
| 32 | 大　连 | 6.43 | 32 | 5.81 | 32 | 6.23 | 14 | 6.89 | 15 |
| 33 | 哈尔滨 | 6.30 | 33 | 5.92 | 28 | 5.77 | 30 | 6.55 | 24 |
| 34 | 西　安 | 6.17 | 34 | 5.94 | 26 | 5.93 | 25 | 6.62 | 22 |
| 35 | 长　春 | 6.17 | 35 | 7.09 | 7 | 5.87 | 28 | 6.79 | 18 |

## 第二节　城市居民对政府环境信息公开的评价分析

本节围绕 2019 年调查问卷的第 6 题，分析 35 座城市的居民对当地政府环境信息公开情况的了解程度和总体评价，并结合人口特征和往年数据，归纳影响居民判断的可能因素，分析居民环境信息获得情况的大致趋势。

### 一、结果分析

2019 年的调查显示，受调查居民普遍认为地方政府在环境信息公开建设方面取得比较理想的成果，换言之，城市居民大多数认为自己能够较为便捷地从政府渠道获得生活、工作所需的基本环境信息。其中，52.6%的受调查居民认为当地政府环境信息比较公开，13.4%的受调查居民认为已经达到“非常公开”的程度(见图 3.18)。

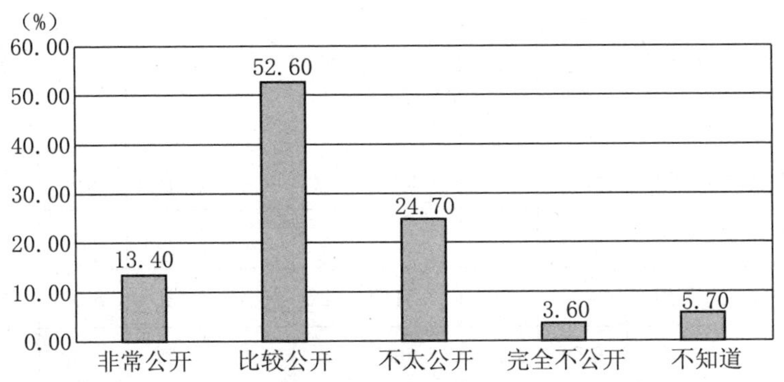


**图 3.18　2019 年城市环境信息公开居民评价总体情况**

为了进行横向比较，本研究将 2019 年信息公开题设选项“非常公开”“比较公开”“不太公开”“完全不公开”以及“不知道”分别赋值为 4、3、2、1、0。本年度城市居民对地方政府信息公开的评价均分如图 3.19 所示。从城市排名来看，西宁位列第一，平均分值为 2.92，紧随其后的是重庆(2.88)、乌鲁木齐(2.84)、上海(2.83)、南昌(2.83)和成都(2.81)排在后五位的城市则有长春(2.49)、哈尔滨(2.49)、太原(2.48)、广州(2.47)、沈阳(2.47)、大连(2.43)和合肥(2.42)。随着中国移动互联网技术的高速发展，电子政务到今天早已步入融媒体时代。特别是微信、微博等平台的普及，使任何人都能在很短时间内，以很低的成本获得所需的大量信息。这可能部分解释了为什么像北京、杭州、深圳的居民在这方面的优越感并没有十分凸显。这些一线城市中，只有上海居民对地方环境信息公开的满意度相对较高，而广州居民的评价在 35 个城市中排在靠后。某种程度上或许说明在政务系统内，电子信息的区域间鸿沟正在缩小。

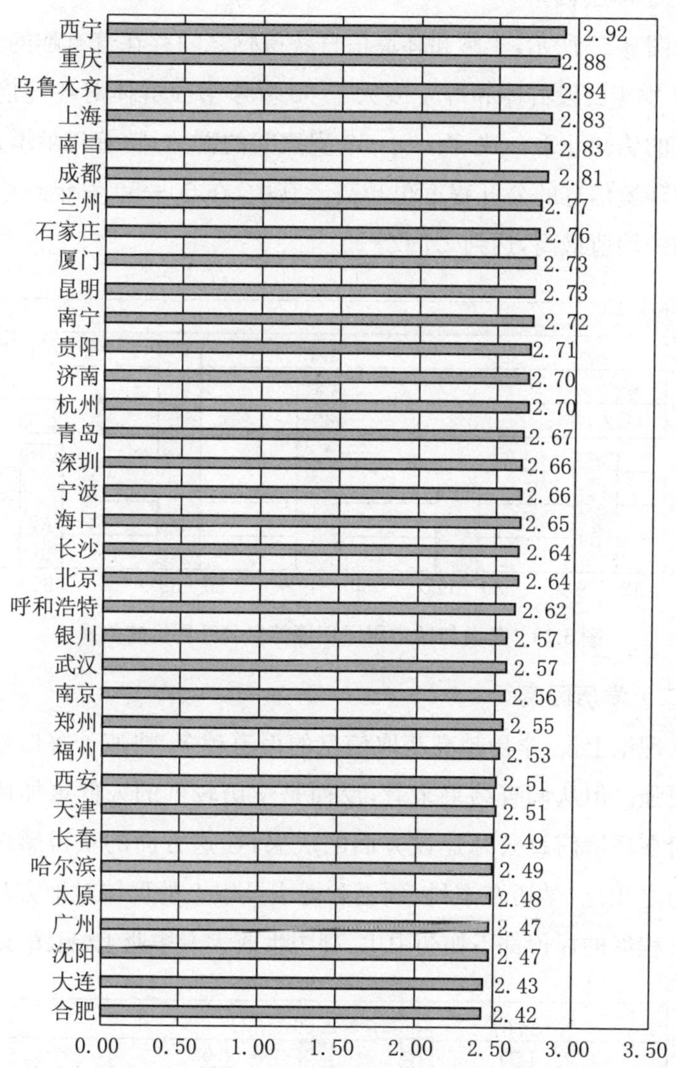


**图 3.19　2019 年城市居民环境信息公开评价排名情况**

## 二、影响因素

为了探究城市居民对地方政府环境治理信心的影响因素，本研究选取了性别、年龄、最高学历和家庭收入等变量进行方法分析和均值比较，经过 SPSS 分析，呈显著影响的是年龄和学历两个方面。

### (一) 年龄因素

如图 3.20 所示,年龄和环境信息获得感之间存在着有趣的关联。18—29 岁年龄段群体和等于或大于 60 岁年龄段群体对环境信息公开程度的感知几乎一致,而 30—59 岁之间的群体,随着年龄增加,认为当地环境信息的公开程度也越高。其中,在 50—59 岁年龄段群体中给出的均值最高,达到 2.79 分。

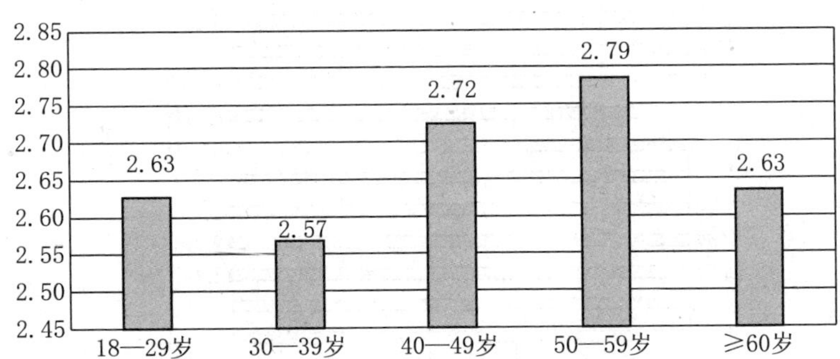


**图 3.20　年龄与城市居民环境信息公开评价的关系**

### (二) 学历因素

从理论上说,学历越高获取信息的渠道越多,快速了解信息的能力也更强。但从调查结果来看,反而是学历较低的人群更加认可地方政府在环境信息公开建设方面的成果,在这方面的获得感似乎更强。与之相比,学历在本科、硕士和博士及以上的群体对地方环境信息公开程度的评价都不如初中生、高中生或大专毕业生(见图 3.21)。

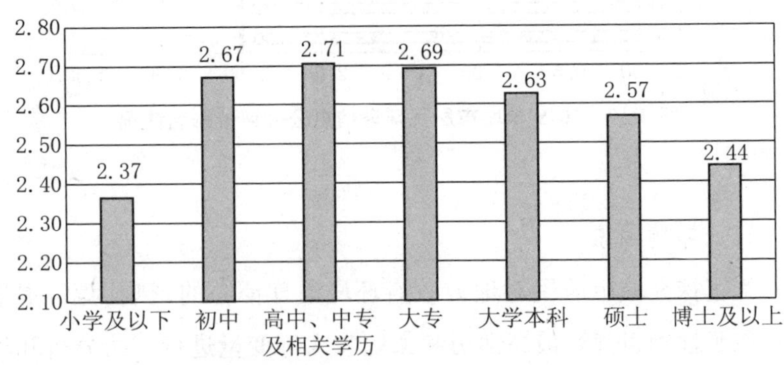


**图 3.21　学历与城市居民环境信息公开评价的关系**

## 三、变化趋势

总体而言，2019 年城市居民对政府环境信息公开的满意度要高于 2017 年。2019 年的平均得分为 2.64，而 2017 年的平均得分是 2.43。具体来说，如图 3.22 所示，在 2019 年认为比较公开和完全公开的人数都有明显增加，共占受调查居民总人数的 66%。这一数据在 2017 年的统计值是 54.4%；而在 2015 年的统计数据中，选择“非常公开”和“比较公开”的仅占受调查居民总数的 36.23%。由此可见，连续多年政府在信息公开方面的努力基本得到民众的认可。

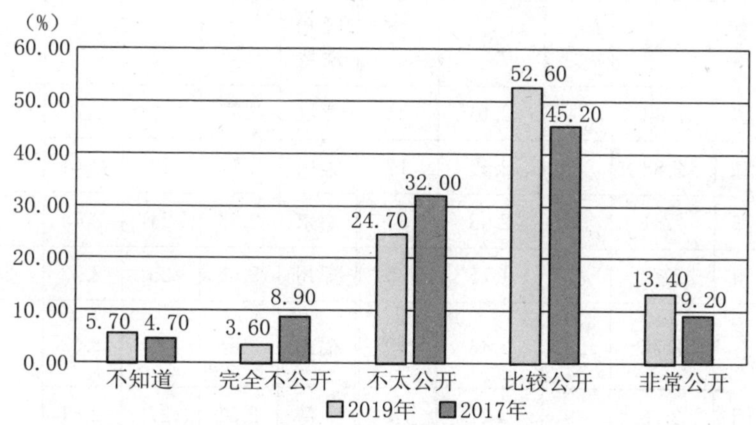


**图 3.22　2017 年和 2019 年 35 座城市居民环境信息公开评价的比较**

和环境治理满意度一样，除了部分个体主观因素之外，对环境信息公开的评价，还会受到诸多复杂社会因素的影响，因此会出现较大波动。然而，贵阳、济南、青岛、深圳、海口、长沙、郑州、西安、哈尔滨、广州、合肥等城市排名仍然稳定（见表 3.4）。由于在 2013 年和 2015 年的问卷中，环境信息公开的数值统计分布采用的是十分制，因此，均值比较可能会产生误差。但比较 4 轮调查的排名来看，依然能发现各地公众对政府环境信息公开建设情况的不同态度。例如，厦门、上海和乌鲁木齐三座城市的居民多年来都认为当地政府环境信息公开情况比较良好。其中，厦门 2015 年和 2017 年连续两年排名第一；上海除了2017年从原来第2掉落至12位后，在2019年重新回到前五；乌鲁木齐和上海类似，2017年从第3直降10位后，在2019年再回到第3。

**表3.4　2019年和2017年35座城市政府环境信息公开程度排名比较**

| 城市 | 2019年 | | 2017年 | | 城市 | 2019年 | | 2017年 | |
|---|---|---|---|---|---|---|---|---|---|
| | 均值 | 排名 | 均值 | 排名 | | 均值 | 排名 | 均值 | 排名 |
| 西宁 | 2.92 | 1 | 2.40 | 20 | 长沙 | 2.64 | 19 | 2.40 | 22 |
| 重庆 | 2.88 | 2 | 2.25 | 32 | 北京 | 2.64 | 20 | 2.64 | 4 |
| 乌鲁木齐 | 2.84 | 3 | 2.50 | 13 | 呼和浩特 | 2.62 | 21 | 2.26 | 31 |
| 南昌 | 2.83 | 4 | 2.40 | 21 | 武汉 | 2.57 | 22 | 2.70 | 2 |
| 上海 | 2.83 | 5 | 2.52 | 12 | 银川 | 2.57 | 23 | 2.44 | 17 |
| 成都 | 2.81 | 6 | 2.08 | 34 | 南京 | 2.56 | 24 | 2.65 | 3 |
| 兰州 | 2.77 | 7 | 1.75 | 35 | 郑州 | 2.55 | 25 | 2.33 | 28 |
| 石家庄 | 2.76 | 8 | 2.43 | 19 | 福州 | 2.53 | 26 | 2.62 | 5 |
| 厦门 | 2.73 | 9 | 2.77 | 1 | 天津 | 2.51 | 27 | 2.61 | 7 |
| 昆明 | 2.73 | 10 | 2.54 | 10 | 西安 | 2.51 | 28 | 2.39 | 23 |
| 南宁 | 2.72 | 11 | 2.58 | 9 | 哈尔滨 | 2.49 | 29 | 2.32 | 29 |
| 贵阳 | 2.71 | 12 | 2.44 | 16 | 长春 | 2.49 | 30 | 2.59 | 8 |
| 杭州 | 2.70 | 13 | 2.25 | 33 | 太原 | 2.48 | 31 | 2.35 | 26 |
| 济南 | 2.70 | 14 | 2.53 | 11 | 沈阳 | 2.47 | 32 | 2.61 | 6 |
| 青岛 | 2.67 | 15 | 2.47 | 15 | 广州 | 2.47 | 33 | 2.38 | 24 |
| 深圳 | 2.66 | 16 | 2.43 | 18 | 大连 | 2.43 | 34 | 2.35 | 27 |
| 宁波 | 2.66 | 17 | 2.36 | 25 | 合肥 | 2.42 | 35 | 2.28 | 30 |
| 海口 | 2.65 | 18 | 2.48 | 14 | | | | | |

## 第三节　城市居民对政府环境治理信心分析

### 一、城市居民对政府环境治理信心的情况

为了探究我国城市居民对于环境治理信心的状况，本轮调查分别调研了中国城市居民对于中央政府环境治理和地方政府环境治理的信心状况，问题的提问方式分别为“您对中央政府解决中国的环境问题有信心吗”和“您对您所在的城市政府解决当地的环境问题有信心吗”，两个问题的回答均设置了“非常有信心”“比较有信心”“信心不足”“完全没信心”和“说不清”五个选项，具体的分析如下。

#### （一）城市居民对中央政府环境治理信心状况

如图 3.23 所示，总体来说，2019 年我国城市居民对于中央政府环境治理的信心较强。具体来说，超过 90％的受调查居民对于中央政府环境治理表示“非常有信心”或“比较有信心”。仅有不到 10％的受调查居民表示“信心不足”，而选择“完全没信心”和“说不清”的受调查居民则少之又少。

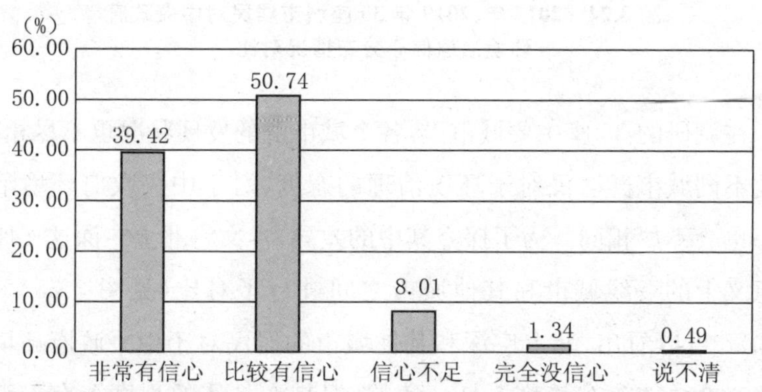


**图 3.23　2019 年城市居民对中央政府环境治理信心分布情况**

通过对比 2017 年和 2019 年城市居民对中央政府环境治理信心分布情况，可以发现在过去的两年里我国城市居民对于中央政府环

境治理信心有着明显的改善。从图3.24中可以看出,选择对于中央政府环境治理表示"非常有信心"或"比较有信心"的受调查居民比例都呈现了上升趋势,其中选择"非常有信心"的居民比例增幅较为明显。而选择"信心不足""完全没信心"的受调查居民比例均有着明显下降,下降幅度都超过了50%。应该说,2019年我国城市居民对于中央政府环境治理信心的提升,侧面反映了近两年来中央政府对环境保护和治理的重视,将环保工程视为提振信心的重要基础。

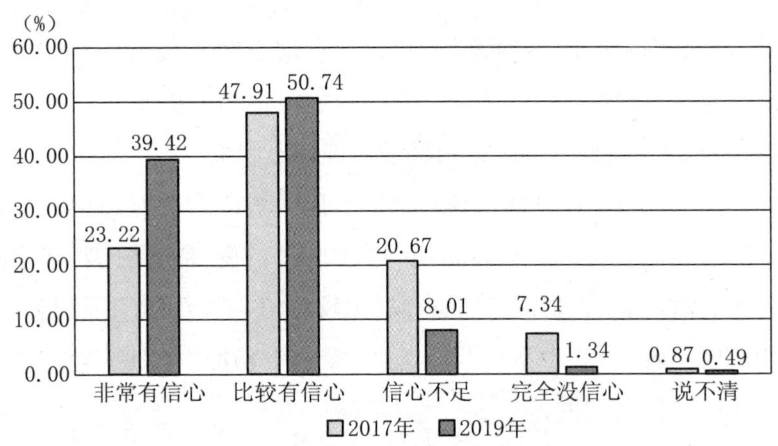


**图3.24　2017年、2019年35座城市居民对中央政府环境治理信心分布情况对比**

在调研的35座主要城市里,各个城市群的发展状况也不尽相同,因此不同城市群居民对于环境治理的态度、对于中央政府环境治理信心也会不尽相同。为了探究其中的差异,本文将北上广深这4座通常意义上的一线城市和其他城市之间进行了对比(见图3.25)。从图3.25可以看出,北上广深和其他城市的居民对于中央政府环境治理信心在总体分布趋势上是一致的,但是在具体的程度上有着细微的差别,其他城市中有90.5%的居民对于中央政府环境治理非常有信心或者比较有信心,略高于北上广深居民的88.1%。这可能是因为北上广深的居民在超大型城市里工作生活,对于城市中的各种环

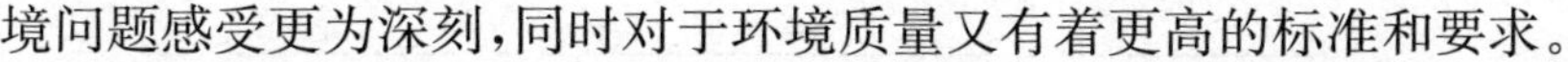

境问题感受更为深刻，同时对于环境质量又有着更高的标准和要求。

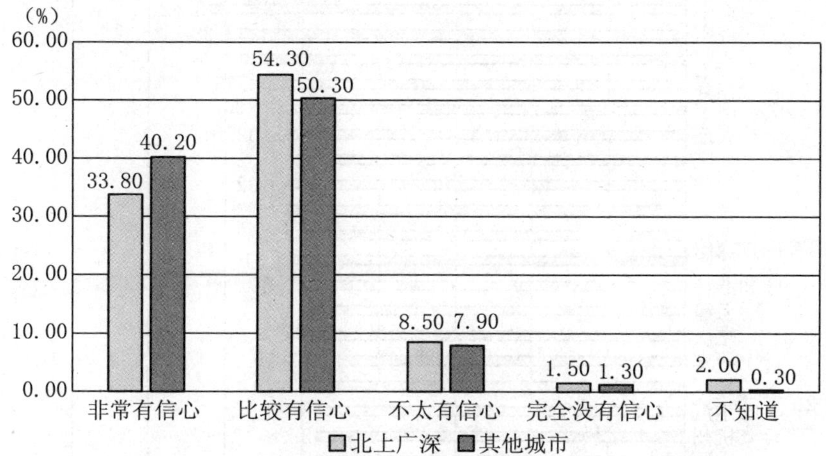


**图 3.25　2019 年不同城市群居民对中央政府环境治理信心分布情况**

本轮调研同时对全国 35 座主要城市居民对中央政府环境治理信心的情况进行了调研和分析。在具体测量上，将“非常有信心”“比较有信心”“不太有信心”“完全没有信心”和“不知道”几个选项分别赋值为 4、3、2、1、0。换言之，数值越高代表城市居民对于中央政府的环境治理信心越强。通过统计和计算，本研究得出不同城市居民对中央政府环境治理信心的平均值，并按照信心由强到弱的顺序进行了排列，具体结果如图 3.26 所示。

图 3.26 显示，35 座城市居民对中央政府环境治理信心的平均值为 3.27，在满分为 4 分的评价标准下，这一平均值相对来说是较高的。具体到每个城市层面，在 2019 年的调查中，居民对中央政府环境治理信心最强的 5 座城市从高到低分别为银川(3.49)、乌鲁木齐(3.46)、贵阳(3.42)、济南(3.38)和西宁(3.38)，居民对中央政府环境治理信心最弱的 5 座城市分别为深圳(3.07)、南京(3.12)、北京(3.12)、福州(3.13)、宁波(3.16)。35 座城市中信心最弱的 5 座城市评分都在 3 分以上，这也印证了前文中所说的我国城市居民对中央政府环境治理

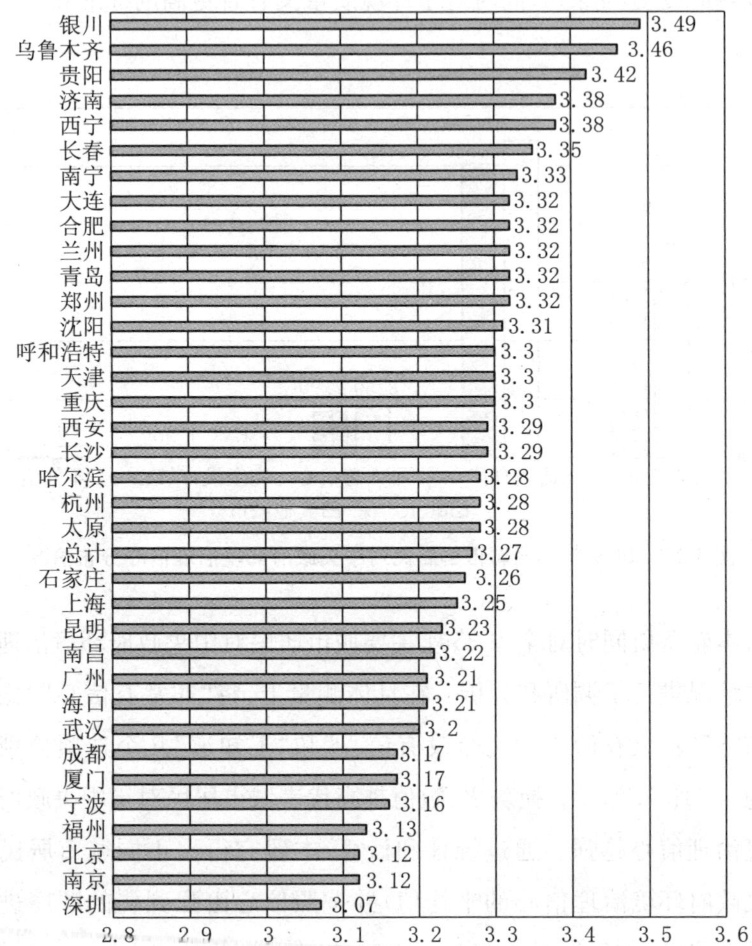

**图 3.26　2019 年 35 座城市居民对中央政府环境治理信心排名**

的信心处于一个较高的水平。

2019 年的调研结果和 2015 年、2017 年的调查结果对比显示，银川(3.49)、西宁(3.38)两座城市的居民在 2015 年的调查中对中央政府的信心都处于前五行列，在 2017 年的调查中离开前五的行列之后，在 2019 年的调查又再度进入前五。而深圳(3.07)、福州(3.13)在 2015 年属于信心较弱的前五名城市行列，在经历了 2017 年的上升之后，2019 年又经历了不同程度的信心下降。

## (二) 城市居民对地方政府环境治理信心状况

通常来说,城市居民对于中央政府和地方政府的信心状况并不完全一致,为了调查和分析当前我国城市居民对地方政府环境治理的信心状况,本研究调查了35座城市居民对于地方政府环境治理的信心状况并进行了分析,具体结果如图3.27所示。

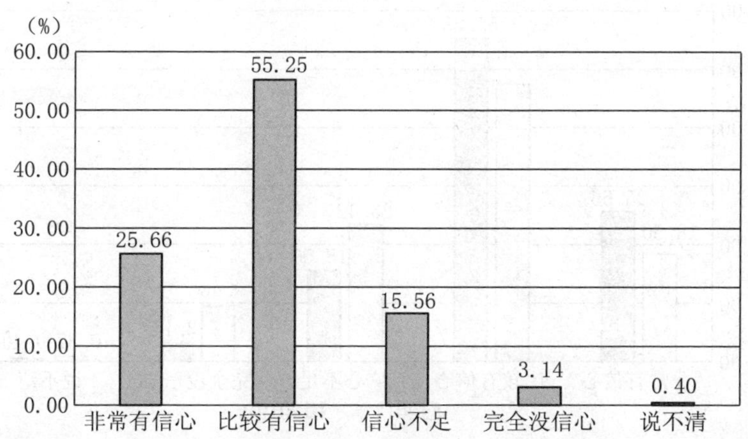


**图3.27　2019年35座城市居民对地方政府环境治理信心分布情况**

可以看出,大约有80.91%的受调查居民对于地方政府的环境治理"非常有信心"或"比较有信心",城市居民对于地方政府环境治理信心状况总体上较为良好。另外,城市居民对地方政府环境治理信心状况总体上与对中央政府环境治理信心状况分布情况较为类似,不过城市居民对于中央政府环境治理的信心状况要略好于对地方政府环境治理的信心状况。

对比2017年和2019年35座城市居民对地方政府环境治理信心的分布情况,可以发现与2017年相比,选择"非常有信心"和"比较有信心"的受调查居民比例有着明显的上升,而选择"信心不足"和"完全没信心"的受调查居民比例下降较为明显。这一变化趋势也与城市居民对中央政府对环境治理信心分布情况的变化趋势相一致,所以这也一定程度上说明,从2017年到2019年,我国从中央政府到地方政府都在环境治理方面投入较多的关注、采取了较多的措施并取得了一定实效,例如多轮的环保巡视督察、国家公园的设立等。这种重视与成效也为城市居民所感知,因此对于中央和地方政府在环境治理方面的信心也有了明显的提升和改善,同时共识程度也较高。

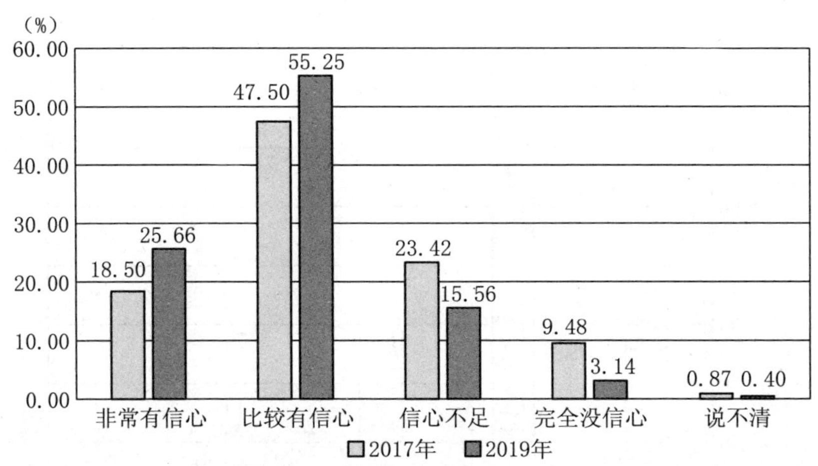


**图 3.28　2017 年、2019 年 35 座城市居民对地方政府环境治理信心分布情况对比**

同样,本轮调研也就不同城市群居民对于地方政府环境治理信心的状况进行了对比分析。总体来看,北上广深和其他城市的城市居民对于地方政府环境治理信心的分布状况总体趋势上是一致的,但是通过对比,可以发现与对中央政府环境治理信心中北上广深居民信心略低于其他城市居民信心不同,约 86%的北上广深居民对于地方政府环境治理"非常有信心"或者"比较有信心",其他城市的居民这一比例约为 80.3%,略低于北上广深居民。换言之,北上广深居民对于地方政府环境治理的信心强于其他城市。当前看来,北上广深不仅仅在经济发展方面走在全国的前列,城市的治理也在全国乃至世界处于较为领先的水平,因此其城市居民更容易对其充满信心,其中就包括了对于环境治理方面的信心,这也值得其他城市加以借鉴和学习。

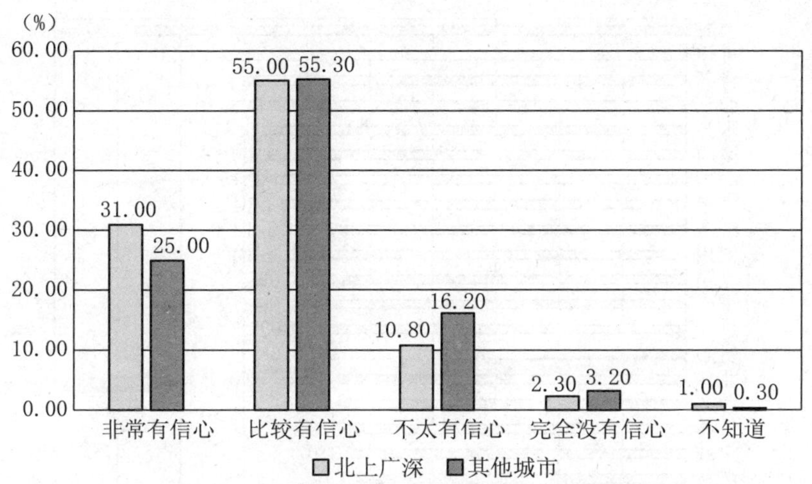


**图 3.29　2019 年不同城市群居民对地方政府环境治理信心分布情况**

在 2019 年的调查中，本书同样以 4、3、2、1、0 来分别为“非常有信心”“比较有信心”“信心不足”“完全没信心”和“说不清”赋值，以此来衡量各个城市居民对于地方政府环境治理信心的状况，其中数值越高代表城市居民对于当地地方政府的环境治理信心越强，反之亦然。在计算之后，本研究将 35 座城市按照信心由强到弱的顺序进行了排列(见图 3.30)。总体来看，35 座城市居民对于地方政府环境治理信心评分的平均值为 3.08，在满分为 4 的评价标准下，信心状况良好。而在 35 座城市中，有 12 座城市的得分高于平均值，有 13 座城市的得分未达到平均值。同居民对中央政府环境治理的信心相比，居民对地方政府环境治理的信心相对有所降低。

至于具体的城市，从图 3.30 中可以看出，居民对地方政府环境治理信心最强的 5 座城市分别为上海(3.37)、杭州(3.26)、青岛(3.2)、西宁(3.19)、乌鲁木齐(3.17)。而居民对地方政府环境治理信心最弱的 5 座城市分别为沈阳(2.81)、哈尔滨(2.81)、武汉(2.83)、长春(2.84)和海口(2.84)。分别对比 2019 年居民对中央政府环境治理信心最强和最弱的五个城市，可以发现西宁和乌鲁木齐两个城市居民对中央政府和地方政府环境治理的信心都较强，都位居前五的行列。而对比

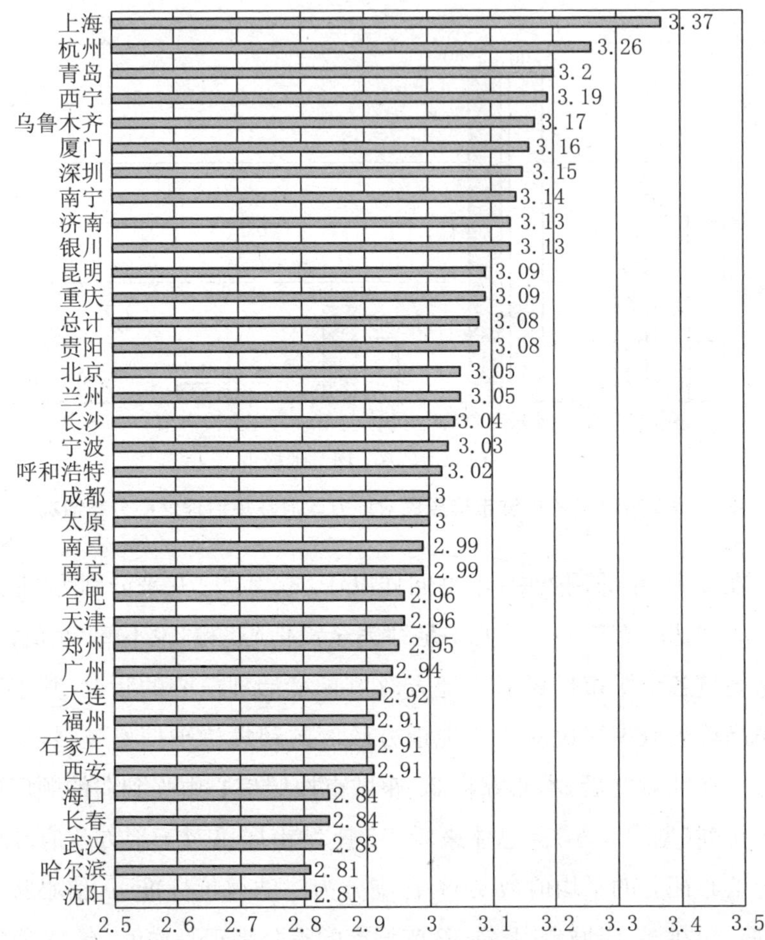


**图 3.30　2019 年 35 座城市居民对地方政府环境治理信心排名**

2015 年、2017 年的调查结果，发现沈阳在 2015 年的调查中也是属于对地方政府环境治理信心排名靠后的五座城市之一，在 2017 年有所提升，而在 2019 年的调查中又再度成为了排名靠后的五座城市之一。而上海和乌鲁木齐在 2015 年的调查中处于居民对地方政府的环境治理信心前五的城市，在 2017 年经历了一定程度的下降后排名又在 2019 年再度提升，其中上海更是在 2019 年的调查中成为于居民对地方政府的环境治理信心最高的城市。

## 二、城市居民对政府环境治理信心的影响因素分析

### （一）城市居民对中央政府环境治理信心影响因素的研究

为了探究城市居民对中央政府环境治理的影响因素，本研究选取了性别、年龄、最高学历、家庭收入水平、环境信息公开程度等因素作为自变量，以此来研究它们和居民对中央政府环境治理信心之间的关系，其中性别（P＝0.335＞0.05）、最高学历（P＝0.427＞0.05）与中央政府环境治理信心的相关性不明显，具体分析结果如图 3.31 所示。

在多次调查中均发现，年龄和对中央政府环境治理信心存在显著的关联，且基本呈现正相关的分布关系。从图 3.31 中可以看出，各个年龄段对于中央政府环境治理信心的状况有所不同。根据前文中所述的赋值规则，信心状况由 0—4 分构成，分数越高代表城市居民对于中央政府的环境治理信心越强。从总体趋势上看，年龄大的群体对于中央政府环境治理信心相对较强，其中 50—59 岁年龄段群体对于中央政府环境治理信心最强，评分高达 3.41，而 30—39 岁年龄段群体对于中央政府环境治理信心最弱，但是评分也达到 3.23，处于一个相对较高的水平。

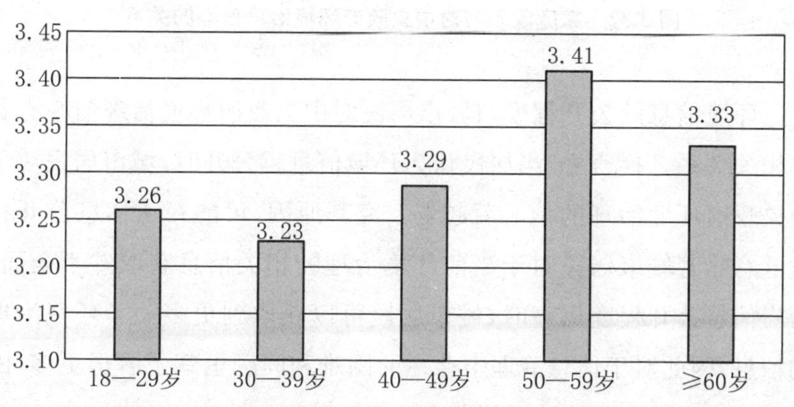


注：统计显著性为 0.001。

**图 3.31　年龄与对中央政府环境治理信心的关系**

统计结果显示,家庭收入与中央政府环境治理信心有着一定的关系。当家庭收入处于中等偏低或者中等水平时,对于中央政府环境治理的信心就越高,而当受调查居民认为自己的家庭收入为低下水平时,对于中央政府环境治理信心相对较低。在以往的相关研究中,也通常认为如果受访者在经济、政治等方面具有较高的地位时,对于未来常常有着较高的、较为乐观的预期,本轮调查的结果也从侧面印证了这一观点。

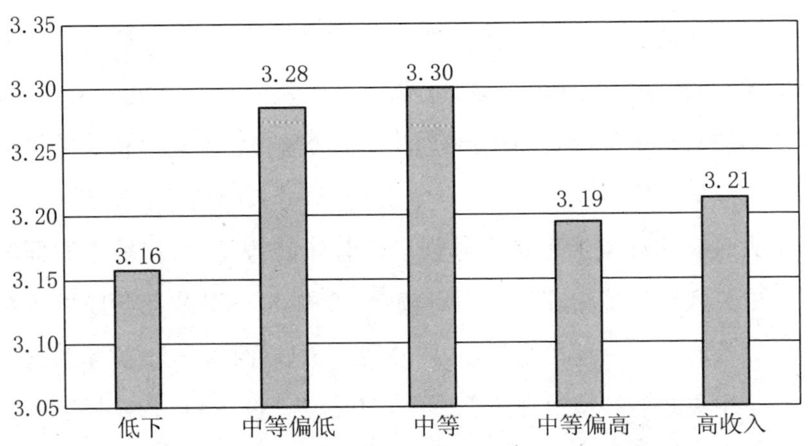


注:统计显著性为0.004。

**图3.32　家庭收入与对中央政府环境治理信心的关系**

环境信息的公开程度与城市居民对中央政府环境治理信心有着负相关关系。换言之,当居民认为环境信息越公开时,城市居民对于中央政府环境治理的信心就越弱。究其原因,可能在于信息公开程度低意味着城市居民对于当前环境治理的相关信息获取并不全面,而当信息公开程度提高时,城市居民可以获取到更多关于环境治理的信息,因此对于信息治理中存在的困难和问题也就了解得更多,因此对于中央政府环境治理信心也就有所下降。

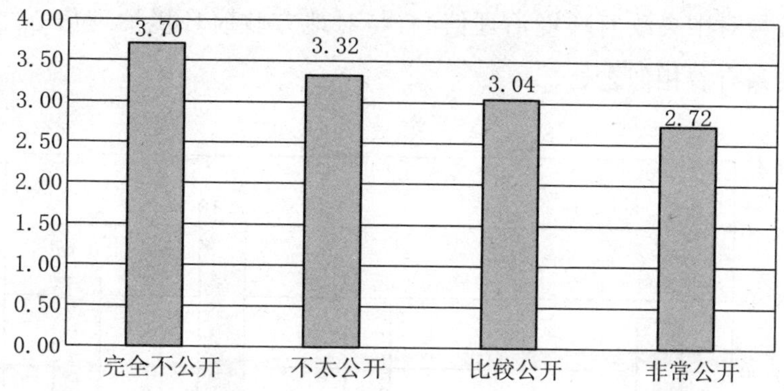


注：统计显著性为 0.000。

**图 3.33　环境信息公开程度与对中央政府环境治理信心的关系**

### （二）城市居民对地方政府环境治理信心影响因素的研究

本轮调查同样也就城市居民对地方政府环境治理信心的影响因素进行了调查和研究。同样，本研究选取了性别、年龄、最高学历、家庭收入水平和环境信息公开程度等因素作为自变量，以此来研究它们和居民对地方政府环境治理信心之间的关系。通过运用 SPSS 对数据进行处理和分析，发现性别（P＝0.171＞0.05）、最高学历（P＝0.641＞0.05）和地方政府环境治理信心没有显著的相关关系，而年龄、家庭收入水平和环境信息公开程度都和城市居民对于地方政府环境治理信心具有着一定的相关性，具体的情况如下。

和中央环境治理信心的关联性一样，年龄在多次调查中都显示和地方环境治理信心存在着密切联系。然而与对中央政府治理信心呈现出的相对明显的正相关关联相比，不同年龄层的人对地方政府治理生态环境的信心分布比较复杂。2013 年、2015 年和 2019 年的三轮调查均是如此。以 2019 年为例，从图 3.34 中可以看出，在不同的年龄段，城市居民对于地方政府环境治理的信心也会有所不同。50—59 岁年龄段群体对于地方政府环境治理的信心最强，而 30—39 岁年龄段群体对于地方政府环境治理的信心最弱。而在前文关于中央政府环境治理信心的调查分析中，也得出了同样的结论，这样说明年龄与对中央政府环境治理信心、与对地方政府环境治理信心之间的关系有着相似之处。

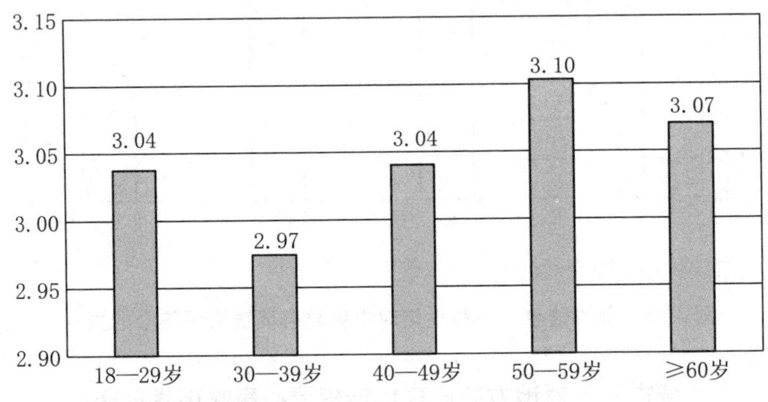


注:统计显著性为 0.045。

**图 3.34　年龄与对地方政府环境治理信心的关系**

在以往的调查中,家庭收入对地方环境治理信心的关联并不十分明显,2017 年的调查显示两者不存在相关性。这部分原因可能是,前几次调查问卷中,对平均月收入进行了过于详细的区分。2019 年的调查(图 3.35)中就显示,家庭收入水平对于地方政府环境治理信

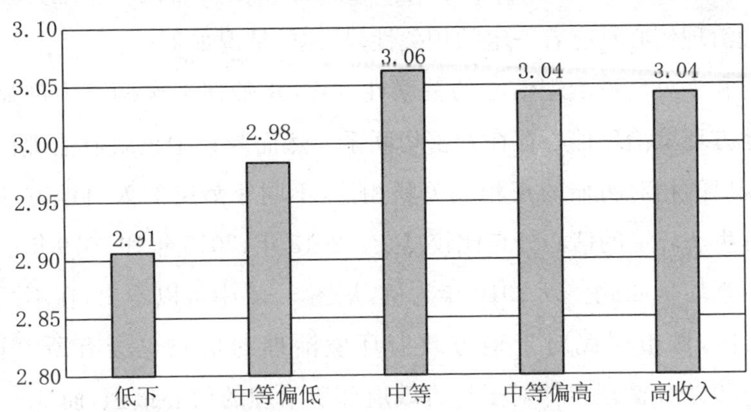


注:统计显著性为 0.005。

**图 3.35　家庭收入与对地方政府环境治理信心的关系**

心的影响也较为明显，且也与其对中央政府环境治理信心的影响相似。认为自身家庭收入水平中等的受调查居民对于地方政府环境治理信心最强，而认为自身家庭收入水平低下的受调查居民则对于地方政府环境治理信心最弱。

图 3.36 中显示，环境信心的公开程度和地方政府环境治理信心之间同样具有统计学意义上的相关性。城市居民对于环境信息公开程度的评价与城市居民地方政府环境治理信心之间的关系呈现负相关，具体原因也在前文中进行过论述，在此不再赘述。

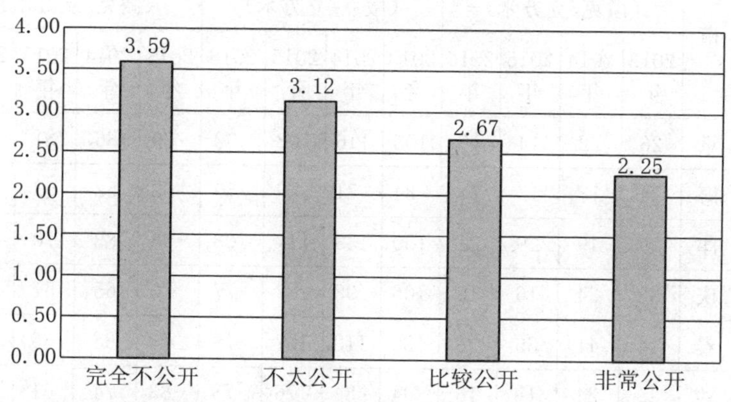


注：统计显著性为 0.000。

**图 3.36　环境信息公开程度与对地方政府环境治理信心的关系**

三、空气污染近况及城市居民对空气污染治理预期

预期，顾名思义是指民众对于未来的期待和判断，预期不仅仅是民众需求在未来的一种折射，更重要的是，当预期得到满足时，可以进一步增加民众的获得感和满意度，而民众预期没有如期实现甚至完全落空时，就会让民众的满意度下降。因此，公民的预期研究以及预期管理都是一个较为重要的问题，而在环境保护领域，同样需要对民众的预期给予足够的重视并进行适度地引导和干预，以民众预期来推动环境治理，同时也让民众树立起较为客观和合理的预期。

近年来,空气污染一直是我国民众较为关注的环境问题,与土壤污染、水污染等其他类别的污染不同,空气污染能够较为直观地被民众感知,空气污染治理的成效也较为容易地被民众察觉,所以本研究专门对近年来我国35座主要城市的空气污染近况以及35座主要城市居民对空气污染的治理预期进行了探讨和研究。

## (一)我国主要城市空气污染近况

表3.5　35座城市空气污染近况

| 城　市 | 二氧化硫年平均浓度(微克/立方米) | | | | PM10年平均浓度(微克/立方米) | | | | PM2.5年平均浓度(微克/立方米) | | | |
|---|---|---|---|---|---|---|---|---|---|---|---|---|
| | 2013年 | 2014年 | 2015年 | 2016年 | 2013年 | 2014年 | 2015年 | 2016年 | 2013年 | 2014年 | 2015年 | 2016年 |
| 北　京 | 26 | 22 | 14 | 10 | 108 | 116 | 102 | 92 | 89 | 86 | 81 | 73 |
| 上　海 | 24 | 18 | 17 | 15 | 84 | 71 | 69 | 59 | 62 | 52 | 53 | 45 |
| 天　津 | 59 | 49 | 29 | 21 | 150 | 133 | 117 | 103 | 96 | 83 | 70 | 69 |
| 重　庆 | 32 | 24 | 16 | 13 | 106 | 98 | 87 | 77 | 70 | 65 | 57 | 54 |
| 长　春 | 44 | 41 | 36 | 28 | 130 | 118 | 107 | 78 | 73 | 68 | 66 | 46 |
| 长　沙 | 33 | 24 | 18 | 16 | 94 | 84 | 76 | 73 | 83 | 74 | 61 | 53 |
| 成　都 | 31 | 19 | 14 | 14 | 150 | 123 | 108 | 105 | 96 | 77 | 64 | 63 |
| 大　连 | — | 30 | 30 | 26 | — | 85 | 81 | 67 | — | 53 | 48 | 39 |
| 福　州 | 11 | 8 | 6 | 6 | 64 | 65 | 56 | 51 | 36 | 34 | 29 | 27 |
| 广　州 | 20 | 17 | 13 | 12 | 72 | 67 | 59 | 56 | 53 | 49 | 39 | 36 |
| 贵　阳 | 31 | 24 | 17 | 13 | 85 | 74 | 61 | 64 | 53 | 48 | 39 | 37 |
| 哈尔滨 | 44 | 57 | 40 | 29 | 119 | 111 | 103 | 74 | 81 | 72 | 70 | 52 |
| 海　口 | 7 | 6 | 5 | 6 | 47 | 42 | 40 | 39 | 27 | 23 | 22 | 21 |
| 杭　州 | 28 | 21 | 16 | 12 | 106 | 98 | 85 | 79 | 70 | 65 | 57 | 49 |
| 合　肥 | 22 | 23 | 16 | 15 | 115 | 113 | 92 | 83 | 88 | 83 | 66 | 57 |
| 呼和浩特 | 56 | 50 | 34 | 28 | 146 | 122 | 103 | 95 | 57 | 46 | 43 | 41 |
| 济　南 | 95 | 69 | 47 | 37 | 199 | 172 | 163 | 146 | 110 | 87 | 90 | 76 |

**（续表）**

| 城　市 | 二氧化硫年平均浓度（微克/立方米） | | | | PM10 年平均浓度（微克/立方米） | | | | PM2.5 年平均浓度（微克/立方米） | | | |
|---|---|---|---|---|---|---|---|---|---|---|---|---|
| | 2013年 | 2014年 | 2015年 | 2016年 | 2013年 | 2014年 | 2015年 | 2016年 | 2013年 | 2014年 | 2015年 | 2016年 |
| 昆　明 | 28 | 20 | 17 | 17 | 82 | 70 | 56 | 55 | 42 | 35 | 30 | 28 |
| 兰　州 | 33 | 29 | 23 | 19 | 153 | 126 | 120 | 132 | 67 | 61 | 52 | 54 |
| 南　昌 | 40 | 25 | 19 | 17 | 116 | 85 | 75 | 78 | 69 | 52 | 43 | 43 |
| 南　京 | 37 | 25 | 19 | 18 | 137 | 124 | 97 | 85 | 78 | 74 | 57 | 48 |
| 南　宁 | 19 | 15 | 13 | 12 | 90 | 84 | 72 | 62 | 57 | 49 | 41 | 36 |
| 宁　波 | 22 | 17 | 15 | 13 | 86 | 73 | 69 | 62 | 54 | 46 | 45 | 38 |
| 青　岛 | 58 | 38 | 28 | 21 | 106 | 107 | 98 | 89 | 67 | 58 | 52 | 46 |
| 沈　阳 | 90 | 82 | 66 | 47 | 129 | 124 | 115 | 94 | 78 | 74 | 72 | 54 |
| 深　圳 | 11 | 9 | 8 | 8 | 61 | 53 | 49 | 42 | 40 | 34 | 30 | 27 |
| 石家庄 | 105 | 62 | 47 | 41 | 305 | 206 | 147 | 164 | 154 | 124 | 89 | 99 |
| 太　原 | 80 | 73 | 71 | 68 | 157 | 138 | 114 | 125 | 81 | 72 | 62 | 66 |
| 武　汉 | 33 | 21 | 18 | 11 | 124 | 114 | 107 | 92 | 94 | 82 | 70 | 57 |
| 乌鲁木齐 | 29 | 25 | 15 | 14 | 146 | 146 | 133 | 115 | 88 | 61 | 66 | 74 |
| 西　宁 | 48 | 41 | 31 | 31 | 163 | 121 | 106 | 113 | 70 | 63 | 49 | 49 |
| 西　安 | 46 | 32 | 24 | 20 | 189 | 152 | 126 | 137 | 105 | 77 | 58 | 71 |
| 厦　门 | 20 | 16 | 10 | 11 | 62 | 59 | 48 | 47 | 36 | 37 | 29 | 28 |
| 银　川 | 77 | 81 | 64 | 57 | 118 | 112 | 112 | 111 | 51 | 53 | 51 | 56 |
| 郑　州 | 59 | 43 | 33 | 29 | 171 | 158 | 167 | 143 | 108 | 88 | 96 | 78 |

注:由于各个年份统计口径不尽相同,部分统计年鉴未统计的栏目用“—”标注。

资料来源:《中国统计年鉴 2014》《中国统计年鉴 2015》《中国统计年鉴 2016》《中国统计年鉴 2017》。

本研究通过《中国统计年鉴》统计和收集了近年来所调研城市的空气污染状况,以此来了解各个城市空气污染状况的变迁以及各地在空气污染治理方面的努力。从中可以看出,自2013年以来我国在主要空气污染物的治理方面取得了扎实的成效。首先,主要城市二氧化硫年平均浓度方面,本轮调查的35座城市与2013年相比都呈现了不同程度的下降,目前总体来看二氧化硫年平均浓度都处于一个相对较低的水平,除了部分城市例如太原、银川等,因为能源结构、自然环境等因素的影响还处于一个相对较高的水平。其次,主要城市PM10年平均浓度方面,除了兰州比2013年有所升高外,其他城市的PM10年平均浓度也呈现了不同程度的下降,但是总体来说,受调研城市特别是受调研的北方城市PM10的绝对数值相对来说还是偏高一些,这也是受了我国北方特殊的气候条件所影响。最后是PM2.5年平均浓度,2013年是主要城市PM2.5年平均浓度纳入国家统计年鉴的第一年,在此之前,人们对于PM2.5的认知还主要停留在新闻报道和直观感受上,这也说明我国空气污染检测的范围更加全面和科学。对比受调研城市2013年到2016年的PM2.5年平均浓度,发现银川和乌鲁木齐两个城市在这一数据上出现了反弹提升,而其他城市总体上都有所下降。

总体来看,应该说从上述主要空气污染物来看,近年来我国空气污染恶化的趋势得到有效的遏制,同时,在受调研的绝大部分城市,空气污染治理都取得了良好的效果,各项空气污染物指标都出现了不同程度的下降,有效改善了各个城市的空气环境治理,这也反映了党的十八大以来我国在环保领域特别是空气污染防治领域所开展的大量工作,例如北方地区冬季的煤改气工程一线城市新能源汽车的各项优惠等等,这些也都是我国空气污染状况好转的背后驱动因素。

### (二)地方政府环境治理信心影响因素的研究

在前文的调查中,受访居民对于中央政府和地方政府环境治理信心都表现出较强的信心,那么具体到空气污染领域,受访民众的预期和信心如何,本文同样进行了调查和分析。从图3.37中可以看出,大约有64.7%的受调查居民认为我国的空气污染可以在5至20年内得到解决，还有11.7％的受调查居民认为我国的空气污染可以在5年之内得到解决。和前几次的调查比较来看，大多数居民对政府治理空气的效果给予肯定评价，从而表现出积极乐观的态度。在2013年和2015年的调查中，认为政府"永远无法解决"空气污染问题的受访者占总人数的10％左右，这一数据到2017年调查中仍然高居8.56％，但到2019年则迅速下降为2.9％。与此相对的，认为中国空气质量能在5—10年内得到明显改善的人数占受调查人数的比例从2015年的23.8％上升到2017年的31.17％，再到2019年的38.6％，呈现逐年上升的趋势。空气污染的防治是一项长期性、系统性的工程，困难很多，难度不小，通常来说时间周期较长，但是由于近年来各个受调查城市在空气污染防治方面的明显成效，使得民众对于空气污染的治理普遍采取了较为乐观的态度，这一方面是对各个城市近年来空气污染治理成效的肯定，另一方面也对未来各个城市空气污染的防治提出了更高的要求。

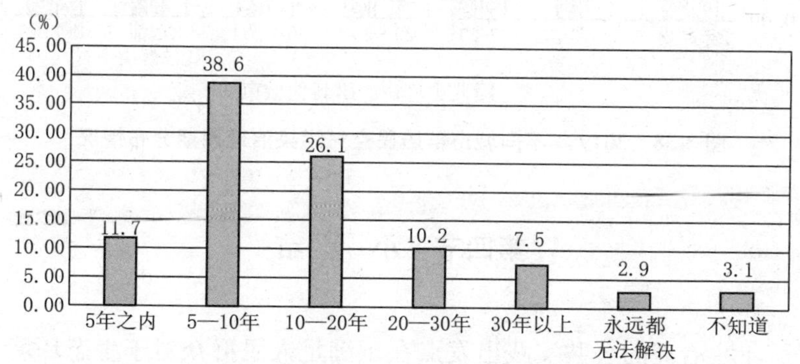


**图3.37　"您认为中国空气污染能在多长时间内得到有效解决?"居民态度分布情况**

本轮调研对比了2019年不同城市群居民对于空气污染治理预期的分布情况，以此来更加具体地了解城市居民对于空气污染治理的预期及其差异。如图3.38所示，其他城市居民认为我国空气污染在"5年以内"或者"5—10年"解决的比例略高于北上广深居民。总体上,当被问及“您认为中国空气污染能在多长时间内得到有效解决?”时,其他城市居民选择更短时间段的比例更高,关于空气污染治理的预期要比北上广深居民更为乐观。究其原因,可能在于北上广深作为最发达的城市行列,机动车保有量大、工业发达等因素使得这些城市的空气污染治理难度较大、困难较多,而其他城市中不乏昆明、海口等基本不受空气污染困扰的城市,因此对于空气污染治理的预期也就更加乐观和积极。

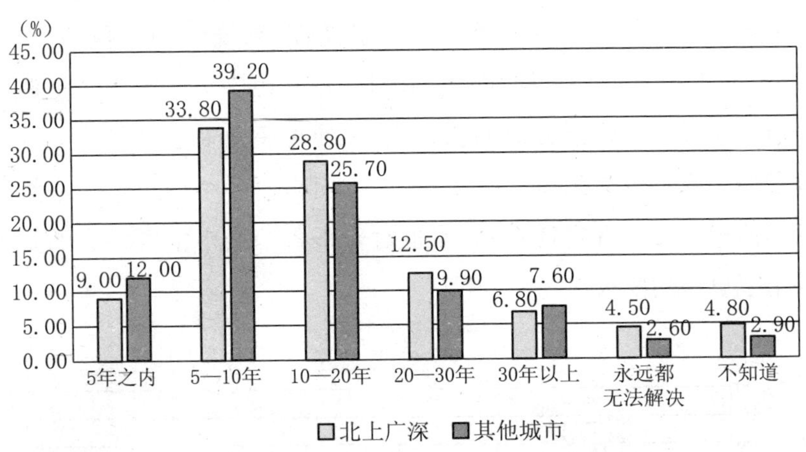


**图 3.38　2019 年不同城市群居民空气污染治理预期分布情况**

## 第四节　小　　结

环境治理的公共实践出发点在于满足人民群众对于生态环境的更高要求和实现经济社会的可持续发展,因此,公众评价是政策实施效果评价的一个重要参考。对于政府环境治理公共评价的研究,一方面可以了解公众对于环境需求的满足情况,避免政府政策和民众需求之间的错位;另一方面也可以用政府环境治理公众评价的情况来激励各地加强对环保工作的重视,进一步优化环境质量。本章通过前面三个小节的分析,得出了如下结论:

第一，不同群体政策支持的倾向程度有明显差异，但是从总体来看，改善医疗条件、提高环境质量、增加教育投资，是城市居民当前关心的三大主要民生主题。尤其伴随着老百姓生活水平的提高，"治理环境污染"这个更具有公共性的民生需求，在调查中得到稍多支持。当然在不同城市中，由于经济水平、城市规模、基础建设、公共资源的差异，对环境治理的迫切程度是有所差异的。除此之外，根据分析，受访者的性别、年龄、最高学历和家庭收入水平都会对城市居民的需求情况产生影响。具体来说，女性比男性更期待加强公共医疗卫生建设，中年人特别注重教育的公共投入，而老年人更关注医疗资源是否充足。高学历和高家庭收入水平的受访居民对于公共资源在教育方面的投入需求更大。这一方面，与承受着更重经济负担的中低收入水平群体相比较，从侧面印证了他们对教育投入的支持不单指基础教育的普及，更多的则是希望能提高教育资源的平均质量。

第二，近五年来，各地各级政府高度重视生态环境保护，所采取的政策措施及其治理效果已经获得民众积极广泛的认可。本轮调查结果显示，2019 年我国城市居民对于政府环境污染的治理效果评价达到历年来的最高水平，这在很大程度上说明了我国近年来在环境污染治理方面取得了扎实的成效。当然，各城市居民对当地政府治理环境的满意度依然有所差异。其中，在 2019 年的调查中，厦门、杭州、上海、南昌和西宁的受访者对当地政府环境治理的效果满意度比较高。不同城市群体对政府环境治理效果的评价差异主要表现在年龄和学历两个方面。具体来说，群体属性与其环境治理满意度的关系，可以简单表述为，年龄越大、学历越低的人，对地方政府环境治理的满意程度越高。此外，由于地方公共事务的复杂性和全面性，因此，各地政府在尝试提高公众环境治理满意度的同时，首先还需要摸清当地民众的迫切民生需求，利用有限资源，抓住和解决主要矛盾。

第三，各级环保部门和地方管理部门主动运用现代传媒和网络技术，持续推进信息公开建设的成果，也逐渐获得城市居民的认同。

综合 4 轮调查数据可以发现,总体上我国城市居民对于政府环境信息公开的评价是持续提升的,横向对比则发现,35 座受访城市之间政府环境信息公开程度的区域差距正在缩小。根据多轮调查结果,贵阳、济南、青岛、深圳、合肥等城市居民信息公开程度的评价比较稳定,而厦门、上海和乌鲁木齐等地不仅相对稳定而且居民普遍认可环境信息公开执行的现状。此外,年龄和学历一直是城市居民评价政府环境信息公开程度的重要影响因素。2019 年的调查再次显示,随着年龄的增长,居民愈加肯定政府信息公开的努力。与此相反,随着学历的提高,对当前政府信息公开的满意度则出现下降的趋势。

最后,关于城市居民对中央和地方政府环境治理信心的调查,总体来说,统计数据显示出更加乐观的基本趋势。通过调查和分析发现,2019 年我国城市居民对于中央政府环境治理信心和地方政府环境治理信心都较强,其中对中央政府环境治理的信心略高于对地方政府环境治理的信心。对比 2015 年和 2017 年的调查,对中央政府和地方政府环境治理的信心情况有一定的改善。本节也对不同城市群居民、各个城市居民对于中央政府和地方政府环境治理信心进行了比较。在对于中央政府环境治理信心和地方政府环境治理信心的影响因素方面,我们发现,年龄、家庭收入水平、环境信息公开程度与城市居民对中央政府环境治理信心有关,年龄、家庭收入水平和环境信息公开程度与城市居民对地方政府的环境治理信心有关。最后,我们也根据近年的国家统计年鉴分析了我国主要城市空气污染状况,发现近年来这些主要城市空气污染得到了有效的治理,空气质量普遍提升,而在此背景下,城市居民对于空气污染治理的预期也相比以往更加乐观。

# 第四章　环保意识评价

改革开放以来，随着经济高速增长，我国在生态环境方面也付出了一定的代价。党和国家高度重视环境污染问题，党的十九大报告回顾了我国在过去十年的环境治理成就，指出“大力度推进生态文明建设，全党全国贯彻绿色发展理念的自觉性和主动性显著增强，忽视生态环境保护的状况明显改变。”但是，我国环境治理问题的形势依然严峻。

环境意识是环境行为的先导，公民生态环境意识的培育是治理环境污染的关键。环境意识既是指人们对环境和环境保护的一个认识水平和认识程度，又是人们为保护环境而不断调整自身经济和社会行为，协调人与环境、人与自然关系的实践活动的自觉性。要培养好公民环境意识，重要的是要将环境污染当作一个社会问题。当全社会都能重视环境污染带来的社会问题时，那么环境治理则事半功倍。因此，环境污染的问题化很重要。①

要将环境污染问题化，必须客观、准确地认识环境污染和环境意识。我国关于环境意识的研究没有统一的测评指标体系，现有的环境意识调查在设计问卷问题以及测量指标时，主要参考西方学者所提出的、较为成熟的环境意识量表，通过问卷调查方法收集民众的环境意识方面的数据，测量民众的环境意识水平。但是，西方学者所提

① 卢春天等：《美丽中国与环境社会学研究》，《河海大学学报》（哲学社会科学版）2019 年第 2 期。

出的各种环境意识量表,如“生态态度和知识”量表以及邓拉普和范李尔提出的“新环境范式”量表(NEP),是根据其特殊的政治、社会经济发展情况和时代背景而提出。因而,为了实现更好的测量效果,需要根据中国所处的发展阶段和特殊的国情进行一定程度的调整。除了对民众的环境意识进行测评之外,大量的研究集中探讨在不同群体中造成环境意识水平差异的各种影响因素,并且对民众的环境意识如何转化为环境行为的机制进行探索。对于影响因素的探究,主要可以分为两类:第一类是个体层面的因素,主要包括性别、年龄、职业、学历、信仰、收入;第二类是结构性因素,主要包括经济社会发展水平、环境问题严重程度、新闻媒体的宣传报道、当地政府的环境保护力度等因素。

在本章中,我们认为环境行为独立于环境意识而存在,环境意识主要包括环保自觉意识、环保志愿意识以及环保公民意识等三个维度。环保自觉意识,指民众根据自身的环境价值观念进行判断,自觉意识到环境问题的危害性,并在日常生活中采取有助于保护环境的行为。[①]环保志愿意识,指民众不以获取物质报酬为目的,在环保领域自愿贡献时间、能力和财富,为社会以及他人提供公益服务。权利意识和义务意识是公民意识的核心内涵,环保公民意识是公民意识在环保领域的体现,主要涉及环保私人领域与公共领域之间关系的处理问题。环保公民意识便是在环保公共领域与私人领域的交锋中产生的,集中体现在公民愿意为了维护公共利益而接受法规制度对私人生活的渗透和规制的意愿。

环保自觉意识、环保志愿意识以及环保公民意识等三个维度,需要选择一些能够反映各自根本属性的操作性指标加以测量。首先,作为城市居民日常生活的重要组成部分,对 PM2.5 的认知意识、日常行为对气候全球变暖的认知意识、自带垃圾袋意识,可以有效测量环

① 张金俊:《中国公众环境意识自觉的形成机制及其社会意义》,《天府新论》2011 年第 2 期。

保自觉意识水平，反映城市居民在私人生活中参与环境保护的自觉程度。其次，环保志愿意识，主要包括环保贡献意愿、环保捐款意识以及环保义工意识等三个指标，分别涉及总体意愿、捐款、义务劳动等志愿活动的三个重要方面，主要测量城市居民愿意为环保公益活动作出多大的贡献。最后，环保公民意识。禁燃政策，集中反映了中国民众私人领域的传统节日习俗与地方政府环保领域的公共政策之间的矛盾。汽车限号政策，集中反映了市民自由出行的自由意识和城市交通公共治理之间的直接矛盾。作为测量环保公民意识的关键指标，禁燃政策和汽车限号可以有效反映城市居民愿意为了环保领域的公共利益在何种程度上接受法规制度的约束。

本章将介绍全国 35 个主要城市在环保自觉意识、环保志愿意识以及环保公民意识等三个方面的总体和分项城市排名情况，并将 2019 年和 2017 年的城市排名进行对比，并结合 2013 年和 2015 年的调查数据来解释城市排名变化的可能原因。然后，将着重分析性别、年龄、学历等被访居民的个体特征对环境意识水平的可能影响。

## 第一节　环保自觉意识

对于城市居民环保意识的调查，主要包括环保自觉意识、环保志愿意识和环保公民意识三个维度，其中环保自觉意识主要从对 PM2.5 的认知意识、日常行为对气候全球变暖的认知意识、自带垃圾袋意识等三个方面进行测量，环保志愿意识主要从环保贡献意愿、环保捐款意识和环保义工意识等三个方面进行测量，环保公民意识主要从烟花禁燃政策支持度以及汽车限号政策支持度等两个方面加以测量。表 4.1 反映了我国 35 个城市在环保自觉意识、环保志愿意识、环保公民意识等三个方面的排名以及得分。其中，环保自觉意识平均分为 2.80，最高分为 2.94，最低分为 2.65。环保志愿意识平均分为 2.91，最高分为 3.01，最低分为 2.82。环保公民意识平均分为 3.87，最高分为

4.23,最低分为3.56。这里需要特殊说明的是,与环保自觉意识和环保志愿意识四选项评测尺度不同,环保公民意识为五选项的评价标准,所以最高分为5分,因此不能与前两项进行直接比较。

从排名可以看出,我国城市居民的环保自觉意识、环保志愿意识以及环保公民意识还是比较强的,但是不同城市之间的差距较大。成都、天津两座城市的居民在三项有关环保意识的测评中都排在了前十位,说明这两个城市的环保自觉、志愿以及公民意识确实较强。

除此之外,西安、南京这两个城市在环保自觉与环保公民意识上排到了前十位,并且在环保公民意识上分别排在12、22名,总体情况不错。贵阳、长春、青岛市在环保志愿意识与环保公民意识上都排到了前十位。太原市在环保公民意识上排到前十位,在环保志愿意识上排到第11位。以上这些城市的居民总体上环保意识较高。

长沙、福州、南宁三个城市的居民在三项有关环保意识的排名中都排在的后十位,说明从总体上看,3座城市居民的环保意识确实较差。除此之外,宁波、厦门、昆明这3座城市则在环保自觉意识与环保志愿意识上排在后十位,在环保公民意识上位列中游。广州、福州、石家庄这3座城市则在环保志愿意识与环保公民意识上排在了后十位,在环保自觉意识上位列中游。而银川在环保自觉意识与环保公民意识上都排在了后十位,而在环保志愿意识上位列中游。以上这些城市的居民总体上环保意识较低。

**表4.1 2019年城市环境意识测评分项排名**

| 排名 | 环保自觉意识 | | 环保志愿意识 | | 环保公民意识 | |
|---|---|---|---|---|---|---|
| 1 | 西　安 | 2.94 | 贵　阳 | 3.01 | 天　津 | 4.23 |
| 2 | 北　京 | 2.91 | 成　都 | 3.00 | 长　春 | 4.11 |
| 3 | 成　都 | 2.89 | 天　津 | 3.00 | 贵　阳 | 4.10 |
| 4 | 天　津 | 2.89 | 济　南 | 2.99 | 武　汉 | 4.06 |
| 5 | 乌鲁木齐 | 2.87 | 长　春 | 2.98 | 南　京 | 4.01 |

（续表）

| 排名 | 环保自觉意识 | | 环保志愿意识 | | 环保公民意识 | |
|---|---|---|---|---|---|---|
| 6 | 郑　州 | 2.86 | 重　庆 | 2.98 | 青　岛 | 4.01 |
| 7 | 南　京 | 2.86 | 青　岛 | 2.97 | 太　原 | 4.00 |
| 8 | 深　圳 | 2.86 | 呼和浩特 | 2.96 | 西　安 | 3.98 |
| 9 | 上　海 | 2.86 | 兰　州 | 2.95 | 哈尔滨 | 3.97 |
| 10 | 广　州 | 2.85 | 大　连 | 2.95 | 成　都 | 3.96 |
| 11 | 长　春 | 2.84 | 太　原 | 2.94 | 合　肥 | 3.95 |
| 12 | 济　南 | 2.84 | 西　安 | 2.93 | 兰　州 | 3.95 |
| 13 | 杭　州 | 2.84 | 哈尔滨 | 2.93 | 杭　州 | 3.95 |
| 14 | 哈尔滨 | 2.83 | 西　宁 | 2.93 | 南　昌 | 3.92 |
| 15 | 青　岛 | 2.83 | 南　昌 | 2.93 | 呼和浩特 | 3.92 |
| 16 | 沈　阳 | 2.82 | 乌鲁木齐 | 2.92 | 济　南 | 3.92 |
| 17 | 西　宁 | 2.81 | 沈　阳 | 2.91 | 上　海 | 3.90 |
| 18 | 石家庄 | 2.81 | 郑　州 | 2.90 | 重　庆 | 3.88 |
| 19 | 太　原 | 2.81 | 北　京 | 2.90 | 海　口 | 3.86 |
| 20 | 大　连 | 2.80 | 深　圳 | 2.90 | 昆　明 | 3.83 |
| 21 | 呼和浩特 | 2.80 | 武　汉 | 2.90 | 西　宁 | 3.83 |
| 22 | 武　汉 | 2.80 | 南　京 | 2.90 | 宁　波 | 3.82 |
| 23 | 兰　州 | 2.79 | 银　川 | 2.90 | 大　连 | 3.82 |
| 24 | 合　肥 | 2.78 | 上　海 | 2.89 | 厦　门 | 3.81 |
| 25 | 宁　波 | 2.78 | 海　口 | 2.88 | 郑　州 | 3.79 |
| 26 | 贵　阳 | 2.75 | 广　州 | 2.88 | 深　圳 | 3.78 |
| 27 | 长　沙 | 2.75 | 厦　门 | 2.85 | 福　州 | 3.78 |
| 28 | 重　庆 | 2.74 | 长　沙 | 2.84 | 北　京 | 3.75 |
| 29 | 昆　明 | 2.72 | 南　宁 | 2.84 | 乌鲁木齐 | 3.75 |
| 30 | 福　州 | 2.71 | 合　肥 | 2.84 | 银　川 | 3.74 |

(续表)

| 排名 | 环保自觉意识 | | 环保志愿意识 | | 环保公民意识 | |
|---|---|---|---|---|---|---|
| 31 | 南　昌 | 2.69 | 福　州 | 2.84 | 广　州 | 3.73 |
| 32 | 银　川 | 2.67 | 宁　波 | 2.84 | 沈　阳 | 3.73 |
| 33 | 南　宁 | 2.67 | 石家庄 | 2.83 | 长　沙 | 3.71 |
| 34 | 厦　门 | 2.65 | 杭　州 | 2.82 | 南　宁 | 3.60 |
| 35 | 海　口 | 2.65 | 昆　明 | 2.82 | 石家庄 | 3.56 |

本节将介绍被调查的35座城市在环保自觉意识方面的排行情况,主要从对PM2.5的认知意识、日常行为对气候全球变暖的认知意识、自带垃圾袋意识等三个方面展开。首先,将展示各城市居民对PM2.5的认知意识、日常行为对气候全球变暖的认知意识和自带购物袋意识上的综合排行榜和分项排行榜;然后分析被访居民的个体特征对环保自觉意识的影响。

## 一、城市环保自觉意识综合排名和分项排名

为了了解各个城市市民的环保自觉意识,本轮调查设立了三个问题“您对PM2.5有多少了解”“您认为您的日常行为对气候变暖有影响吗”“您是否愿意自带购物袋去超市购物”请受访居民从非常愿意、愿意、不太愿意、根本不愿意这四个选项中进行选择,这四个选项分别赋值为4、3、2、1,分值越高代表愿望越强烈。此外,本轮调查还对于共享单车的使用情况进行了调查,问题为“您用共享单车吗”,本轮调查提供受访居民三个选项,分别为“从不用”“偶尔用”“经常用”,将其分别赋值为0、1、2,分数越高表示在日常生活中对于共享单车的使用频率越高。由于共享单车在各个城市进行推广时,多使用“便捷与环保”作为自身产品的优势,共享单车在节能减排方面的贡献也得到政府的肯定、支持与配合,共享单车因其绿色出行、低碳环保而在城市居民群体中蔚然成风,因而对于共享单车的使用频率

在一定程度上可以反映城市居民的环保自觉意识。

这三个问题中，第一个问题测量居民的PM2.5认知意识，第二个问题测量居民的日常行为的环保认知意识，第三个问题测量居民的自带购物袋意识。由于第三个问题的选项设计，与其他题目存在较大差别，因而本部分以这三个变量的平均值作为一个城市居民环保自觉意识水平的综合得分。

### (一) 环保自觉意识综合排名

表4.2展示了35个被调查城市居民的PM2.5认知意识、日常行为的环保认知意识、自带购物袋意识以及经过三个问题综合处理后的环保自觉意识排名。在环保自觉意识的综合排名中，西安排名第1，得分为2.94分。排名前十的城市中，紧随其后的分别为北京(2.91)、成都(2.89)、天津(2.89)、乌鲁木齐(2.87)、郑州(2.86)、南京(2.86)、深圳(2.86)、上海(2.86)、广州(2.85)。排名后十位的城市中，包括海口(2.65)、厦门(2.65)、南宁(2.67)、银川(2.67)、南昌(2.69)、福州(2.71)、昆明(2.72)、重庆(2.74)、长沙(2.75)、贵阳(2.75)。

**表4.2　2019年35座城市居民环保自觉意识综合排名**

| 排名 | 环保自觉意识 | | PM2.5了解程度 | | 日常行为对气候变暖影响 | | 自带购物袋意识 | |
|---|---|---|---|---|---|---|---|---|
| 1 | 西　安 | 2.94 | 杭　州 | 2.91 | 广　州 | 2.56 | 西　安 | 3.52 |
| 2 | 北　京 | 2.91 | 成　都 | 2.85 | 太　原 | 2.51 | 长　春 | 3.50 |
| 3 | 成　都 | 2.89 | 石家庄 | 2.84 | 天　津 | 2.50 | 北　京 | 3.47 |
| 4 | 天　津 | 2.89 | 西　安 | 2.84 | 宁　波 | 2.50 | 天　津 | 3.43 |
| 5 | 乌鲁木齐 | 2.87 | 上　海 | 2.83 | 哈尔滨 | 2.49 | 成　都 | 3.40 |
| 6 | 郑　州 | 2.86 | 郑　州 | 2.81 | 西　宁 | 2.49 | 南　京 | 3.39 |
| 7 | 南　京 | 2.86 | 乌鲁木齐 | 2.80 | 沈　阳 | 2.49 | 青　岛 | 3.39 |
| 8 | 深　圳 | 2.86 | 武　汉 | 2.78 | 长　沙 | 2.49 | 上　海 | 3.37 |
| 9 | 上　海 | 2.86 | 贵　阳 | 2.78 | 深　圳 | 2.48 | 深　圳 | 3.36 |

(续表)

| 排名 | 环保自觉意识 | | PM2.5 了解程度 | | 日常行为对气候变暖影响 | | 自带购物袋意识 | |
|---|---|---|---|---|---|---|---|---|
| 10 | 广　州 | 2.85 | 北　京 | 2.77 | 西　安 | 2.47 | 大　连 | 3.36 |
| 11 | 长　春 | 2.84 | 济　南 | 2.77 | 乌鲁木齐 | 2.47 | 重　庆 | 3.34 |
| 12 | 济　南 | 2.84 | 南　京 | 2.76 | 北　京 | 2.46 | 西　宁 | 3.34 |
| 13 | 杭　州 | 2.84 | 沈　阳 | 2.75 | 呼和浩特 | 2.45 | 郑　州 | 3.33 |
| 14 | 哈尔滨 | 2.83 | 呼和浩特 | 2.75 | 兰　州 | 2.44 | 昆　明 | 3.32 |
| 15 | 青　岛 | 2.83 | 天　津 | 2.75 | 郑　州 | 2.44 | 乌鲁木齐 | 3.31 |
| 16 | 沈　阳 | 2.82 | 深　圳 | 2.74 | 济　南 | 2.44 | 广　州 | 3.31 |
| 17 | 西　宁 | 2.81 | 兰　州 | 2.70 | 成　都 | 2.43 | 哈尔滨 | 3.31 |
| 18 | 石家庄 | 2.81 | 青　岛 | 2.70 | 南　京 | 2.43 | 济　南 | 3.30 |
| 19 | 太　原 | 2.81 | 宁　波 | 2.70 | 石家庄 | 2.42 | 合　肥 | 3.26 |
| 20 | 大　连 | 2.80 | 太　原 | 2.69 | 长　春 | 2.42 | 武　汉 | 3.25 |
| 21 | 呼和浩特 | 2.80 | 广　州 | 2.69 | 大　连 | 2.41 | 太　原 | 3.24 |
| 22 | 武　汉 | 2.80 | 哈尔滨 | 2.68 | 南　昌 | 2.41 | 兰　州 | 3.24 |
| 23 | 兰　州 | 2.79 | 合　肥 | 2.68 | 合　肥 | 2.40 | 杭　州 | 3.23 |
| 24 | 合　肥 | 2.78 | 长　沙 | 2.64 | 青　岛 | 2.39 | 沈　阳 | 3.22 |
| 25 | 宁　波 | 2.78 | 大　连 | 2.63 | 海　口 | 2.39 | 贵　阳 | 3.21 |
| 26 | 贵　阳 | 2.75 | 长　春 | 2.60 | 南　宁 | 2.39 | 呼和浩特 | 3.20 |
| 27 | 长　沙 | 2.75 | 西　宁 | 2.59 | 福　州 | 2.38 | 石家庄 | 3.18 |
| 28 | 重　庆 | 2.74 | 福　州 | 2.57 | 上　海 | 2.37 | 福　州 | 3.17 |
| 29 | 昆　明 | 2.72 | 厦　门 | 2.55 | 重　庆 | 2.37 | 银　川 | 3.17 |
| 30 | 福　州 | 2.71 | 银　川 | 2.55 | 杭　州 | 2.37 | 厦　门 | 3.16 |
| 31 | 南　昌 | 2.69 | 南　昌 | 2.54 | 武　汉 | 2.36 | 长　沙 | 3.13 |
| 32 | 银　川 | 2.67 | 昆　明 | 2.53 | 昆　明 | 2.32 | 南　昌 | 3.12 |
| 33 | 南　宁 | 2.67 | 重　庆 | 2.52 | 银　川 | 2.30 | 南　宁 | 3.12 |
| 34 | 厦　门 | 2.65 | 南　宁 | 2.51 | 贵　阳 | 2.27 | 宁　波 | 3.12 |
| 35 | 海　口 | 2.65 | 海　口 | 2.50 | 厦　门 | 2.27 | 海　口 | 3.05 |

表 4.2 显示，在环保自觉意识综合排名前十名的城市中，只有西安在 PM2.5 了解程度、日常行为对气候变暖的影响和自带购物袋意识等三项中都进入前十。北京、成都和上海在 PM2.5 了解程度和自带购物袋意识等两项中进入前十，天津和深圳在日常行为对气候变暖的影响和自带购物袋意识等两项中进入前十。除此之外，没有哪个城市在 PM2.5 了解程度和日常行为对气候变暖的影响等两项中进入前十。在排名十的城市中，厦门、南宁、银川、福州 4 座城市在三项中都排入后十名。海口和南昌在 PM2.5 了解程度和自带购物袋意识等两项中进入后十名，昆明和重庆在 PM2.5 了解程度、日常行为对气候变暖的影响这两项进入后十名。除此之外，没有城市在日常行为对气候变暖的影响和自带购物袋意识这两项中进入后十名。

从环保自觉意识综合排名来看，排名前十的城市中，西安、成都、乌鲁木齐等 3 座城市是西部城市，只有郑州这座城市是中部城市，北京、天津、南京、深圳、上海和广州 6 座城市是东部城市。而在排名后十位的城市中，有 5 座城市是西部城市，3 座城市是中部城市，2 座城市是东部城市。虽然厦门和福州这两座东部城市在三项排名中都进入后十名，但是其他东部城市在三项排名中都明显优于中西部城市。所以总体来看，东部城市的环境自觉意识要高于中西部城市。

**（二）PM2.5 了解程度**

总体来讲，2019 年被调查城市的居民 PM2.5 的了解程度并不够，均值只有 2.69，标准差 0.72，具体的分布情况见图 4.1。从分布上可以明显看出，回答“非常了解”的城市居民占 8.52％，选择“有一定了解”的城市居民占 58.93％，这表示有 67.45％的城市居民对 PM2.5 比较了解。选择“不太了解”的城市居民占 25.98％，选择“完全不了解”的城市居民占 6.59％，这表示仍有 32.57％的受访城市居民对 PM2.5 不太了解。与 2017 年进行对比，我们可以发现选择“非常愿意”的群体由 5.73％增长到 8.52％，而选择“有一些了解”的群体从

48.47%上升到2019年的58.93%,选择“不太了解”的人群从31.93%下降到2019年的25.98%。这表示城市居民对PM2.5的了解程度有了很大的提高,城市居民的环保自觉意识有了较大提高。

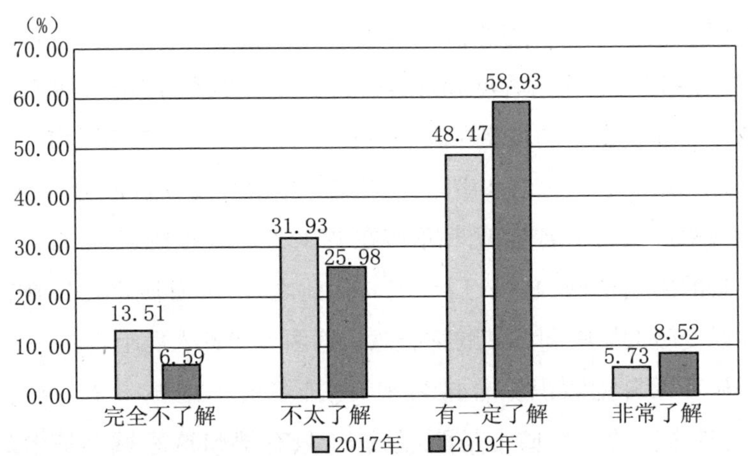


**图4.1　2017年和2019年35座城市居民PM2.5了解程度得分分布**

按照各城市受访市民的得分,将35座城市进行排名(见图4.2),城市居民PM2.5了解程度最高的是杭州,得分2.91分。紧随其后的是成都(2.85)、石家庄(2.84)、西安(2.84)、上海(2.83)、郑州(2.81)、乌鲁木齐(2.80)、武汉(2.78)、贵阳(2.78)、北京(2.77)。在PM2.5了解程度前十名城市中,杭州、上海、石家庄和北京属于东部城市,成都、西安、乌鲁木齐和贵阳4座城市属于西部城市,郑州、武汉和贵阳3座城市属于中部城市。

根据表4.3,我们将2019年与2017年PM2.5了解程度的城市排名进行对比,发现PM2.5了解程度得分整体有了较大的提高,平均分由2017年的2.47分提高到2019年的2.69分。但在一些城市排名变化较大的同时,仍然有一些城市的排名保持了相对稳定,在2017年排名前十名的城市中,上海、成都、石家庄和西安等4座城市在2019年度保住了前十名的位置。而在2017年度排名后十名的城市中,海口、

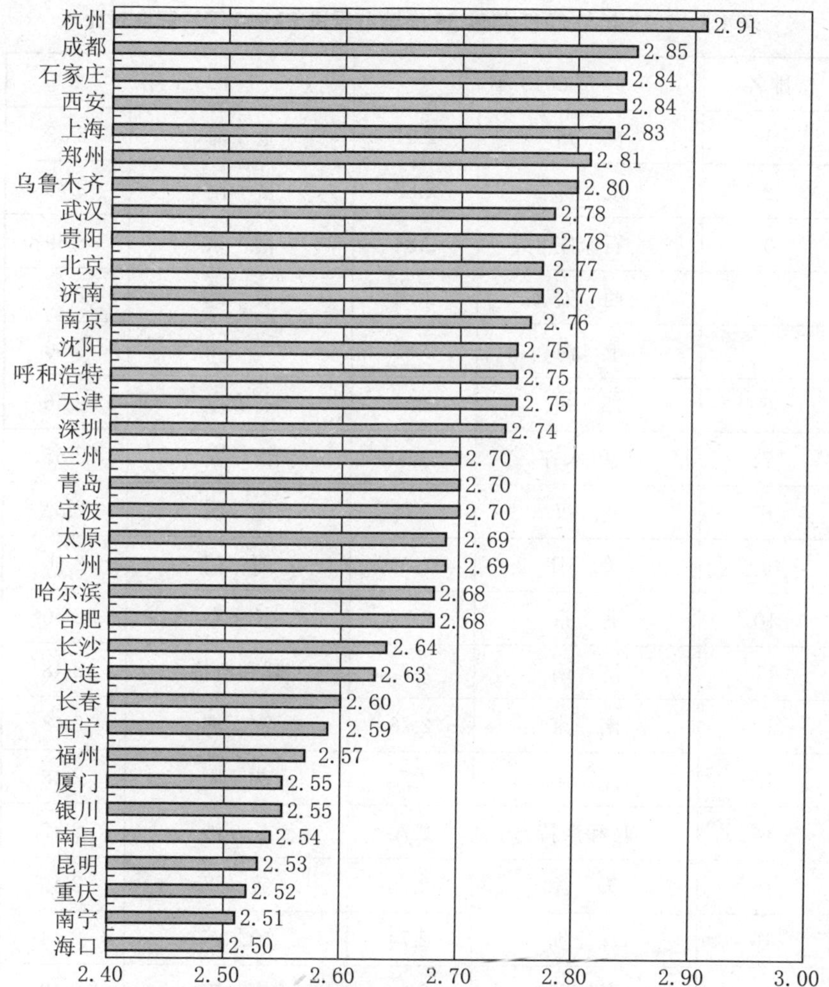


**图 4.2　2019 年 35 座城市居民 PM2.5 了解程度排名**

西宁和南昌等 3 座城市依然在 2019 年度排在后十名，不过除了海口排名有所下降，西宁和南昌实现了一定程度的名次提升。从以上结果，我们可以看出，最近两年以来从中央到地方大力推进生态文明建设，在让民众 PM2.5 了解程度方面取得一定成果的同时，不同城市的表现也在分化，落后的城市不断迎头赶上，PM2.5 了解程度得分整体提升很快。

**表 4.3　2019 年与 2017 年度 35 座城市居民 PM2.5 了解程度对比**

| 排名 | 2019 年 | | 2017 年 | |
|---|---|---|---|---|
| 1 | 杭　州 | 2.91 | 上　海 | 2.83 |
| 2 | 成　都 | 2.85 | 济　南 | 2.73 |
| 3 | 石家庄 | 2.84 | 南　京 | 2.69 |
| 4 | 西　安 | 2.84 | 成　都 | 2.65 |
| 5 | 上　海 | 2.83 | 兰　州 | 2.60 |
| 6 | 郑　州 | 2.81 | 石家庄 | 2.56 |
| 7 | 乌鲁木齐 | 2.80 | 西　安 | 2.55 |
| 8 | 武　汉 | 2.78 | 昆　明 | 2.50 |
| 9 | 贵　阳 | 2.78 | 厦　门 | 2.50 |
| 10 | 北　京 | 2.77 | 长　春 | 2.50 |
| 11 | 济　南 | 2.77 | 呼和浩特 | 2.48 |
| 12 | 南　京 | 2.76 | 深　圳 | 2.48 |
| 13 | 沈　阳 | 2.75 | 沈　阳 | 2.48 |
| 14 | 呼和浩特 | 2.75 | 长　沙 | 2.47 |
| 15 | 天　津 | 2.75 | 武　汉 | 2.45 |
| 16 | 深　圳 | 2.74 | 哈尔滨 | 2.44 |
| 17 | 兰　州 | 2.70 | 南　宁 | 2.42 |
| 18 | 青　岛 | 2.70 | 重　庆 | 2.42 |
| 19 | 宁　波 | 2.70 | 银　川 | 2.42 |
| 20 | 太　原 | 2.69 | 大　连 | 2.42 |
| 21 | 广　州 | 2.69 | 宁　波 | 2.42 |
| 22 | 哈尔滨 | 2.68 | 合　肥 | 2.41 |
| 23 | 合　肥 | 2.68 | 杭　州 | 2.41 |
| 24 | 长　沙 | 2.64 | 福　州 | 2.41 |

（续表）

| 排名 | 2019 年 | | 2017 年 | |
|---|---|---|---|---|
| 25 | 大 连 | 2.63 | 天 津 | 2.41 |
| 26 | 长 春 | 2.60 | 青 岛 | 2.39 |
| 27 | 西 宁 | 2.59 | 贵 阳 | 2.39 |
| 28 | 福 州 | 2.57 | 海 口 | 2.39 |
| 29 | 厦 门 | 2.55 | 郑 州 | 2.38 |
| 30 | 银 川 | 2.55 | 乌鲁木齐 | 2.37 |
| 31 | 南 昌 | 2.54 | 太 原 | 2.37 |
| 32 | 昆 明 | 2.53 | 西 宁 | 2.37 |
| 33 | 重 庆 | 2.52 | 北 京 | 2.36 |
| 34 | 南 宁 | 2.51 | 南 昌 | 2.34 |
| 35 | 海 口 | 2.50 | 广 州 | 2.29 |

### （二）日常行为对大气变暖影响的感知意识

城市居民环保自觉意识有关第二个问题“您认为您的日常行为对气候变暖有影响吗”，2019 年受访居民的平均得分不高，均值为 2.42 分，标准差为 0.77，具体分布情况见图 4.3。从分布上可以明显看出，回答“有很大影响”的城市居民占 4.81%，选择“有一定影响”的城市居民占 45.56%，这表示有 50.37%的城市居民认为自己的日常行为对气候变暖有影响，而有一半左右的受调查居民认为自己的日常行为对气候变暖并没有什么影响。与 2017 年进行对比，我们可以发现选择“有很大影响”的人由 4.44%增长到 4.81%，变化不大；而选择“有一定影响”的人，由 36.27%增长到 45.56%，上升幅度较大。选择“影响不大”的人从 39.57%下降到 36.66%，但选择“完全没影响”的人从 19.72%下降到 12.97%。这表明受访城市居民认为日常行为对气候变暖的影响的感知有较大好转。

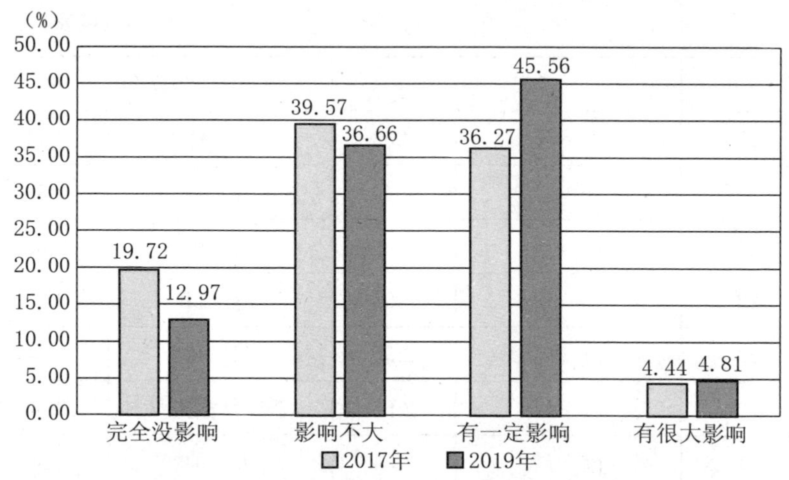


**图 4.3　2017 年和 2019 年日常行为对气候变暖感知意识得分分布**

按照各城市受访居民的得分,将 35 个城市进行排名(见图 4.4),城市居民认为日常行为对气候变暖影响最大的是广州,得分 2.56 分。紧随其后的是太原(2.51)、天津(2.50)、宁波(2.50)、哈尔滨(2.49)、西宁(2.49)、沈阳(2.49)、长沙(2.49)、深圳(2.48)、西安(2.47)。在日常行为对气候变暖影响前十名的城市中,广州、天津、宁波和深圳属于东部城市,西宁属于西部城市,哈尔滨、沈阳、太原和长沙 4 座城市属于中部城市。

根据表 4.4,我们将 2019 年与 2017 年对日常行为对气候变暖感知意识的城市排名进行对比,我们发现感知意识得分整体有了较大的提高,平均分由 2017 年的 2.225 分提高到 2019 年的 2.42 分。但是城市排名波动较大,在 2017 年排名前十名的城市中,只有西宁这座城市在 2019 年度保住了前十名的位置。这说明受访城市居民对日常行为对气候变暖的感知意识并未形成较为稳定的认识。而在 2017 年度排名后十名的城市中,厦门、昆明、杭州和福州 4 座城市依然在 2019 年度排在后十名,不过除了福州的排名有所上升之外,厦门、昆明和杭州等城市排名都有所下降,厦门的下降最为明显。从以上结果,我们可以看出,最近两年以来从中央到地方大力推进生态文明建设,在日常行为对气候变暖感知意识方面取得一定成果的同时,不同城市的表现也在分化，落后的城市不断迎头赶上，日常行为对气候变暖感知意识方面总体进步很大，只有极个别城市情况出现恶化。

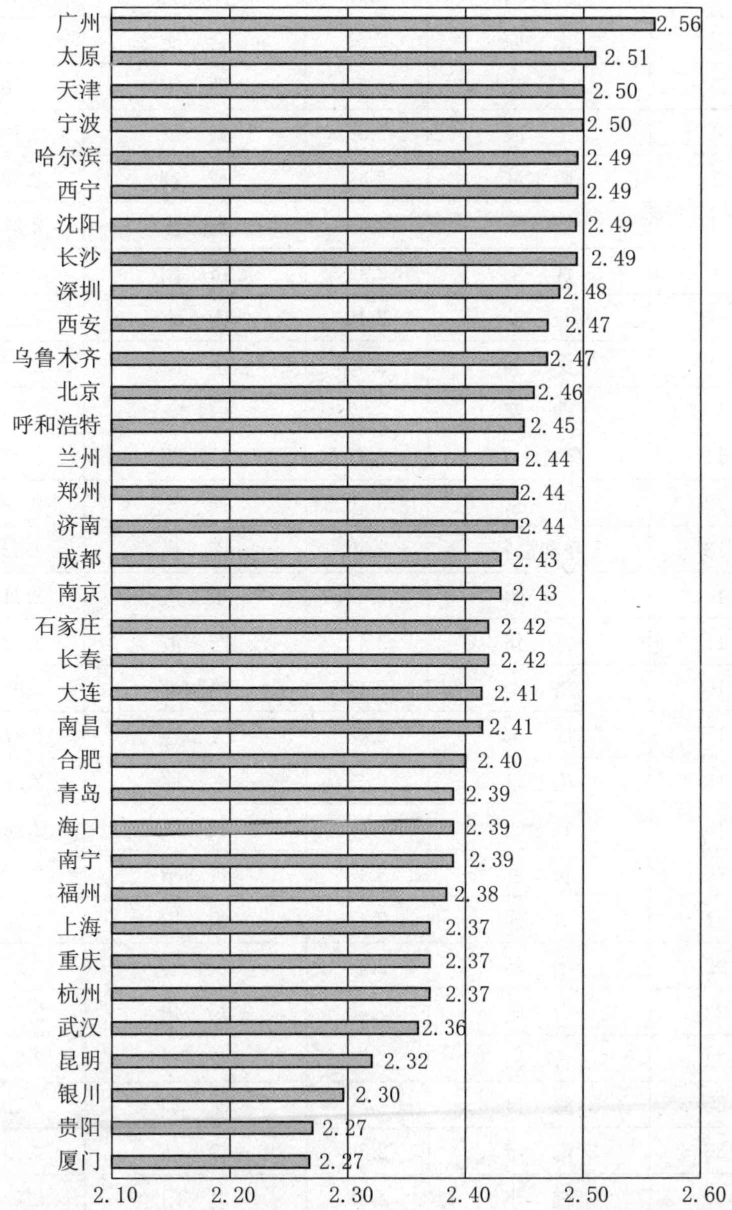


**图 4.4　2019 年 35 座城市居民日常行为对气候变暖感知意识排名**

**表 4.4　2019 年与 2017 年度 35 座城市居民对日常行为对气候变暖感知度对比**

| 排名 | 2019 年 | | 2017 年 | |
|---|---|---|---|---|
| 1 | 广　州 | 2.56 | 呼和浩特 | 2.44 |
| 2 | 太　原 | 2.51 | 合　肥 | 2.39 |
| 3 | 天　津 | 2.50 | 西　宁 | 2.38 |
| 4 | 宁　波 | 2.50 | 武　汉 | 2.38 |
| 5 | 哈尔滨 | 2.49 | 成　都 | 2.38 |
| 6 | 西　宁 | 2.49 | 石家庄 | 2.37 |
| 7 | 沈　阳 | 2.49 | 济　南 | 2.35 |
| 8 | 长　沙 | 2.49 | 南　京 | 2.35 |
| 9 | 深　圳 | 2.48 | 上　海 | 2.35 |
| 10 | 西　安 | 2.47 | 乌鲁木齐 | 2.34 |
| 11 | 乌鲁木齐 | 2.47 | 广　州 | 2.33 |
| 12 | 北　京 | 2.46 | 西　安 | 2.32 |
| 13 | 呼和浩特 | 2.45 | 南　昌 | 2.32 |
| 14 | 兰　州 | 2.44 | 重　庆 | 2.31 |
| 15 | 郑　州 | 2.44 | 宁　波 | 2.30 |
| 16 | 济　南 | 2.44 | 哈尔滨 | 2.27 |
| 17 | 成　都 | 2.43 | 大　连 | 2.27 |
| 18 | 南　京 | 2.43 | 太　原 | 2.26 |
| 19 | 石家庄 | 2.42 | 长　沙 | 2.26 |
| 20 | 长　春 | 2.42 | 贵　阳 | 2.25 |
| 21 | 大　连 | 2.41 | 银　川 | 2.25 |
| 22 | 南　昌 | 2.41 | 长　春 | 2.24 |
| 23 | 合　肥 | 2.40 | 郑　州 | 2.23 |
| 24 | 青　岛 | 2.39 | 兰　州 | 2.23 |
| 25 | 海　口 | 2.39 | 深　圳 | 2.22 |
| 26 | 南　宁 | 2.39 | 青　岛 | 2.19 |
| 27 | 福　州 | 2.38 | 厦　门 | 2.19 |
| 28 | 上　海 | 2.37 | 杭　州 | 2.19 |

（续表）

| 排名 | 2019 年 | | 2017 年 | |
|---|---|---|---|---|
| 29 | 重　庆 | 2.37 | 南　宁 | 2.17 |
| 30 | 杭　州 | 2.37 | 天　津 | 2.16 |
| 31 | 武　汉 | 2.36 | 昆　明 | 2.16 |
| 32 | 昆　明 | 2.32 | 北　京 | 2.09 |
| 33 | 银　川 | 2.30 | 海　口 | 2.08 |
| 34 | 贵　阳 | 2.27 | 沈　阳 | 2.08 |
| 35 | 厦　门 | 2.27 | 福　州 | 2.05 |

### （三）自带购物袋意识

有关第三个问题"您是否愿意自带购物袋去超市购物"2019 年受调查居民的平均得分同样是较高的，达到 3.28 分，标准差为 0.66，具体分布情况见图 4.5。从分布上可以明显看出，回答"非常愿意"的城市居民占 38.51%，选择"比较愿意"的城市居民占 52.25%，这表示有 90.76%的城市居民愿意自带购物袋去超市购物。与 2017 年进行对比，我们可以发现选择"非常愿意"的人由 26.24%增长到 38.51%，而选择"比较愿意"及以上的群体发生了一定程度的变化，由 81.45%增长到 90.76%。这说明支持自带购物袋的城市居民群体规模有一定提升，与此同时，群体内部自带购物袋意识的强度实现了一定程度的提高。

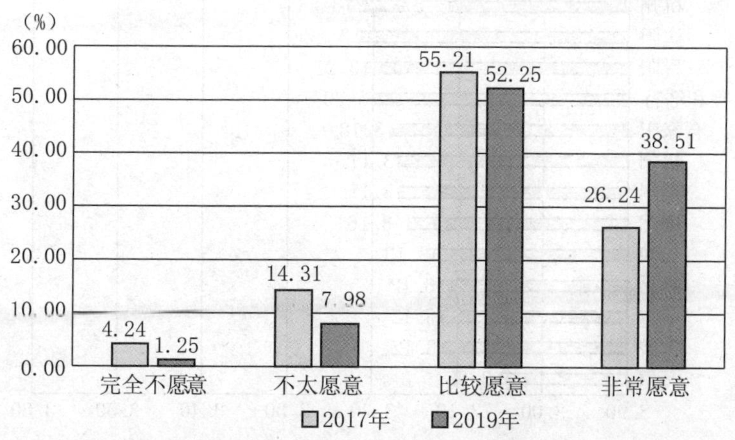


图 4.5　2017 年和 2019 年自带购物袋意识得分分布

从城市受访居民的平均得分上看，排名第1的是西安，得分为3.52分。紧随其后的分别是长春(3.50)、北京(3.47)、天津(3.43)、成都(3.40)、南京(3.39)、青岛(3.39)、上海(3.37)、深圳(3.36)、大连(3.36)。在排名前十的城市中，北京、天津、南京、青岛、上海、深圳和

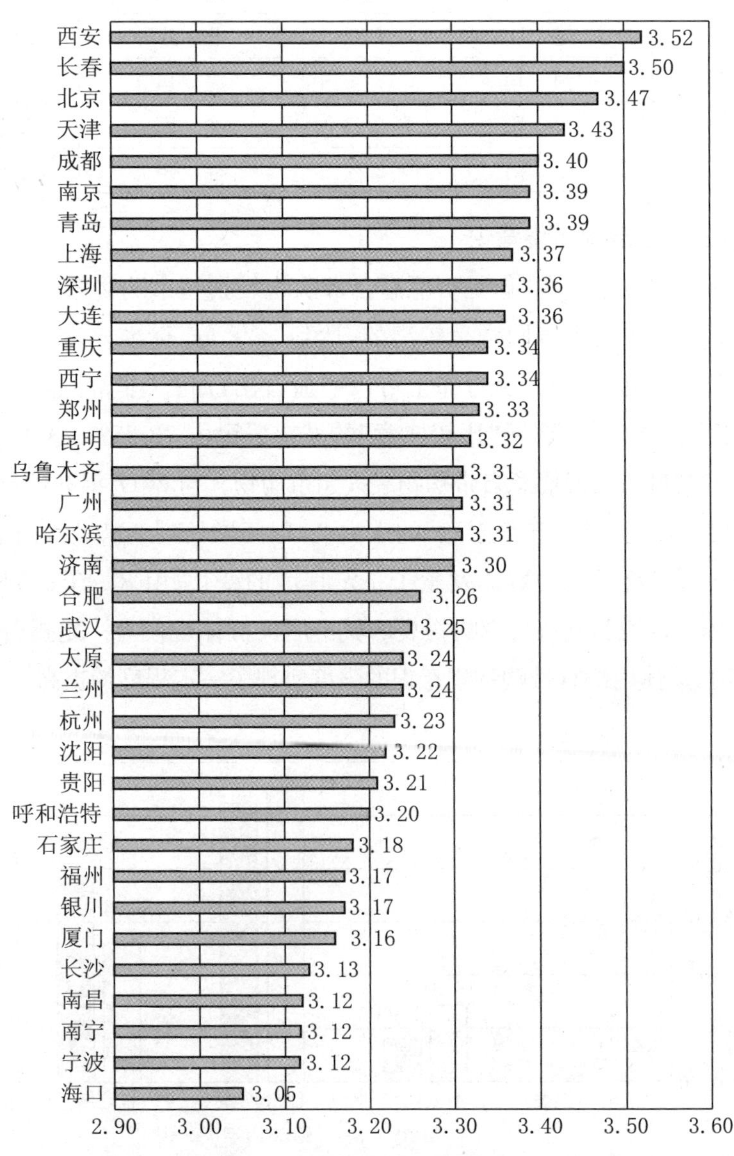

**图4.6　2019年35座城市居民自带购物袋意识排名**

大连 7 座城市是东部城市，其他全是中西部城市，其中西安、成都属于西部城市，长春属于中部城市。从总体上看，东部地区城市居民的自带购物袋意识要高于中西部地区城市居民。相比 2017 年，城市居民的自带购物袋意识变化较大，从西部地区领先于中部和东部到东部地区迅速上升并领先中西部地区。

根据表 4.5，我们将 2019 年与 2017 年自带购物袋意识城市排名进行对比，发现自带购物袋意识得分小幅提高，平均分由 2017 年的 3.03 分提高到 2019 年的 3.28 分。在 2017 年度排名前十的城市中，西安、北京、成都和上海 4 座城市在 2019 年度仍然处于前十名。与此同时，在 2017 年度排在最后十名的城市中，呼和浩特、福州、银川、南昌、南宁、海口仍然在 2017 年度排在最后十名，其中呼和浩特和银川的排名有所上升，特别是呼和浩特上升明显（上升 9 个位次）。南宁和海口的排名有所下降，银川和南昌的排名基本持平。

**表 4.5　2019 年与 2017 年度自带购物袋意识对比**

| 排名 | 2019 年 | | 2017 年 | |
|---|---|---|---|---|
| 1 | 西　安 | 3.52 | 兰　州 | 3.56 |
| 2 | 长　春 | 3.50 | 上　海 | 3.43 |
| 3 | 北　京 | 3.47 | 昆　明 | 3.33 |
| 4 | 天　津 | 3.43 | 成　都 | 3.29 |
| 5 | 成　都 | 3.40 | 重　庆 | 3.24 |
| 6 | 南　京 | 3.39 | 长　沙 | 3.18 |
| 7 | 青　岛 | 3.39 | 北　京 | 3.15 |
| 8 | 上　海 | 3.37 | 西　安 | 3.14 |
| 9 | 深　圳 | 3.36 | 济　南 | 3.12 |
| 10 | 大　连 | 3.36 | 太　原 | 3.12 |
| 11 | 重　庆 | 3.34 | 合　肥 | 3.10 |
| 12 | 西　宁 | 3.34 | 深　圳 | 3.07 |
| 13 | 郑　州 | 3.33 | 广　州 | 3.05 |

**(续表)**

| 排名 | 2019 年 | | 2017 年 | |
|---|---|---|---|---|
| 14 | 昆　明 | 3.32 | 贵　阳 | 3.05 |
| 15 | 乌鲁木齐 | 3.31 | 宁　波 | 3.04 |
| 16 | 广　州 | 3.31 | 石家庄 | 3.04 |
| 17 | 哈尔滨 | 3.31 | 郑　州 | 3.04 |
| 18 | 济　南 | 3.30 | 厦　门 | 3.01 |
| 19 | 合　肥 | 3.26 | 南　京 | 2.99 |
| 20 | 武　汉 | 3.25 | 杭　州 | 2.98 |
| 21 | 太　原 | 3.24 | 长　春 | 2.96 |
| 22 | 兰　州 | 3.24 | 天　津 | 2.96 |
| 23 | 杭　州 | 3.23 | 西　宁 | 2.95 |
| 24 | 沈　阳 | 3.22 | 青　岛 | 2.94 |
| 25 | 贵　阳 | 3.21 | 哈尔滨 | 2.94 |
| 26 | 呼和浩特 | 3.20 | 大　连 | 2.93 |
| 27 | 石家庄 | 3.18 | 海　口 | 2.93 |
| 28 | 福　州 | 3.17 | 福　州 | 2.92 |
| 29 | 银　川 | 3.17 | 乌鲁木齐 | 2.92 |
| 30 | 厦　门 | 3.16 | 南　宁 | 2.91 |
| 31 | 长　沙 | 3.13 | 武　汉 | 2.90 |
| 32 | 南　昌 | 3.12 | 南　昌 | 2.87 |
| 33 | 南　宁 | 3.12 | 银　川 | 2.84 |
| 34 | 宁　波 | 3.12 | 沈　阳 | 2.83 |
| 35 | 海　口 | 3.05 | 呼和浩特 | 2.77 |

### (四) 共享单车使用

35 座城市居民使用共享单车节能减排效果显著,可以减少私家车的使用频率、促进绿色出行,能够有效反映城市居民的环保自觉意识。使用共享单车不仅仅是一种经济行为,追求经济性和便捷性,而且是一种绿色出行方式,从侧面反映了使用者的环保价值观。考察共享单车使用与 PM2.5 知晓度、日常行为对气候变暖和自带购物袋等环境知识认知的关联，发现三者相关系数分别为 0.073**、0.022、0.055**（双尾检验显著度：** P<0.01），说明城市居民环境知识认知水平越高，共享单车使用越频繁。此外，共享单车使用与汽车限号政策的相关系数为 0.041*（双尾检验显著度：* P<0.05），说明共享单车使用越频繁的人，对于汽车限号政策的支持度越高。

第三个问题"您用共享单车吗"，2019 年受调查居民的平均得分是 1.92，标准差是 0.71，具体分布情况见图 4.7。从分布上可以明显看出，共享单车作为一种从互联网共享经济中脱胎而出的新生事物，在城市居民中实现了一定程度的初步普及，有 70.35%的城市居民使用共享单车，与此同时 29.65%的城市居民从不使用共享单车。在使用共享单车的城市居民中，49.06%的城市居民低频率使用共享单车，经常使用共享单车的人群占城市居民的 21.29%。相比 2017 年，只有 54.10%的城市居民使用共享单车，与此同时 45.90%的城市居民从不使用共享单车。在使用共享单车的城市居民中，39.27%的城市居民低频率使用共享单车，经常使用共享单车的人群只占城市居民的 14.83%。2017 年使用共享单车的城市居民有了大幅度提升，说明共享单车愈发普及，城市居民环保意识相应提高。

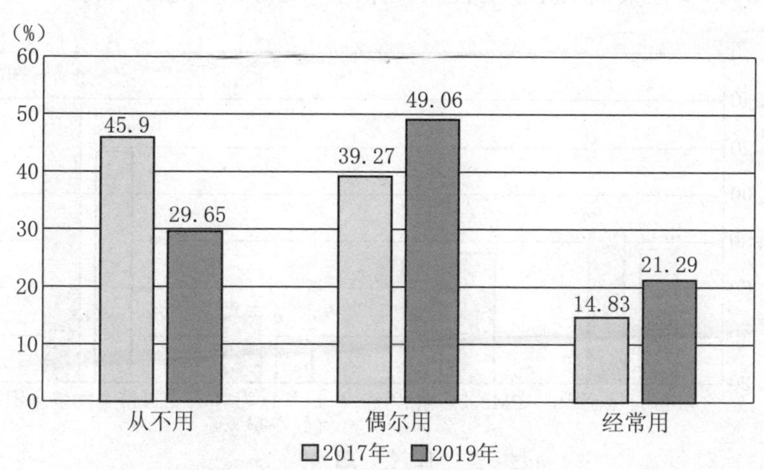


**图 4.7 2019 年共享单车使用得分分布**

## 二、城市居民环保自觉意识影响因素分析

不同个体特征的公众在环保自觉意识上的表现会有所不同,分析调查者个体特征因素对环保自觉意识的影响,有助于政府部门更有针对性地对不同群体采取不同的宣传措施,有助于为改善环境质量提出更有针对性的意见和建议。

### (一)性别因素

比较性别因素对环保自觉意识的影响发现,女性比男性在环保自觉意识上更强,女性的平均值(2.84)要略高于男性(2.77),性别与环保自觉意识的相关系数为 0.070** (其中男性=1,女性=2,双尾检验显著度:** P<0.01)。性别与 PM2.5 了解程度的相关系数为 0.094** (其中男性=1,女性=2,双尾检验显著度:** P<0.01)。比较不同性别 PM2.5 了解程度的平均得分,女性为 2.63,男性为 2.75,女性得分略低于男性。而日常行为对气候变暖的影响上,性别与此的相关系数为 0.066** (其中男性=1,女性=2,双尾检验显著度:** P<0.01)。在日常行为对气候变暖的影响的平均得分上,女性为 2.48,男性为 2.38,女性稍微领先于男性。在自带购物袋意识上,性别与此的相关系数为 0.167** (其中男性=1,女性=2,双尾检验显著度:** P<0.01)。在自带购物袋意识的平均得分上,女性为 3.41,男性为 3.18,女性大幅领先于男性。具体的平均得分参见图 4.8。

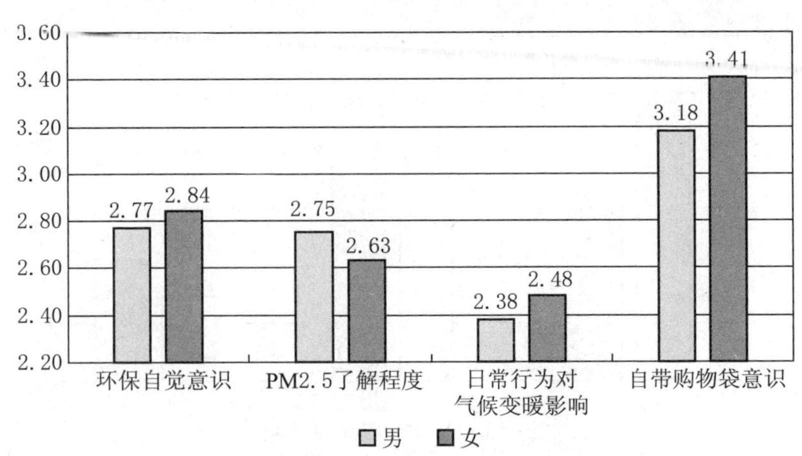


图 4.8 性别对环保自觉意识的影响

### （二）年龄因素

考察年龄因素对环保自觉意识的影响发现，受调查居民的年龄跟环保自觉意识并无显著相关关系，即环保自觉意识跟年龄大小关系不大。年龄与环保自觉意识的相关系数为0.004，年龄与PM2.5了解程度的相关系数为0.029，年龄与日常行为对气候变暖的相关系数为0.024，年龄与自带购物袋意识的相关系数为0.008，说明年龄对PM2.5了解程度、日常行为对气候变暖和自带购物袋意识的影响并不显著。从平均值比较来看，不同年龄段的受访居民的环保自觉意识有所不同。从PM2.5了解程度来看，从18—29岁年龄段群体到30—39岁年龄段群体，随着年龄的增长，垃圾分类意识不断提高。但是40—49岁年龄段群体的垃圾分类意识却逆势降低，到60岁以上年龄段群体却略有回升。从总体看来，PM2.5了解程度得分都比较高，不同年龄段群体之间的差距并不是很明显。此外，不同年龄段群体在日常行为对气候变暖的影响的得分走势与PM2.5了解程度相似，但30—39岁年龄段群体之后就一直下降，没有回升。自带购物袋意识的得分总体很高，但内部不同年龄人群得分的差别很小，说明不同年龄人群的自带购物袋意识普遍较高。

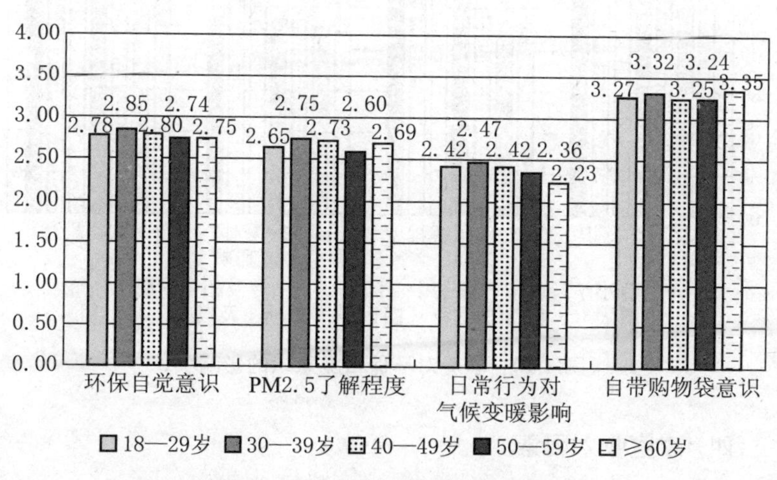


图4.9　年龄对环保自觉意识的影响

## (三) 学历因素

比较不同人群对环保自觉意识的评价,发现受调查居民的受教育程度对环保自觉意识的影响非常显著,学历与环保自觉意识的相关系数为 $0.254^{**}$(双尾检验显著度:** P<0.01)。学历与 PM2.5 了解程度的相关系数为 $0.286^{**}$(双尾检验显著度:** P<0.01);学历与日常行为对气候变暖的相关系数为 $0.113^{**}$(双尾检验显著度:** P<0.01);学历与自带购物袋的相关系数为 $0.086^{**}$(双尾检验显著度:** P<0.01)。

比较不同学历群体环保自觉意识的平均得分(见图 4.10),我们可以看出随着受教育年限的增加,环保自觉意识、垃圾分类意识的得分都呈现出稳步上升的趋势,博士群体则不符合这个趋势,博士及以上群体作为学历最高的群体环保自觉意识得分低于硕士群体。就 PM2.5 了解程度和自带购物袋意识而言,博士群体符合环保自觉意识随学历递增这一趋势;但就日常行为对气候变暖影响而言,博士群体则远远低于硕士和本科群体,略高于其他群体。

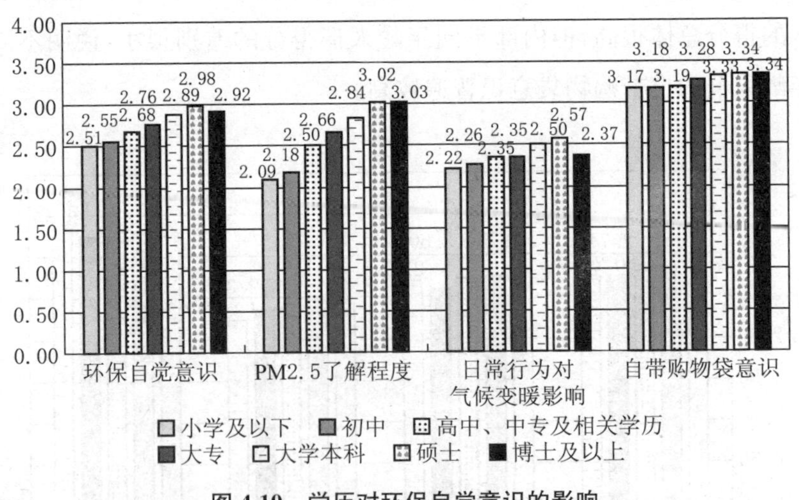


**图 4.10 学历对环保自觉意识的影响**

## (四) 家庭收入因素

比较不同群体对环保自觉意识的评价,发现受调查居民的家庭收入对环保自觉意识的影响非常显著,家庭收入与环保自觉意识的相关系数为 0.110**(双尾检验显著度:** P＜0.01)。家庭收入与 PM2.5 了解程度的相关系数为 0.157**(双尾检验显著度:** P＜0.01);家庭收入与日常行为对气候变暖的相关系数为 0.040**(双尾检验显著度:** P＜0.01);家庭收入与自带购物袋的相关系数为 0.020,可以看出家庭收入除了对自带购物袋意识的影响不显著之外,对其他各项指标的影响都较为显著。

比较不同家庭收入群体环保自觉意识的平均得分(见图 4.11),我们可以看出随着家庭收入的增加,环保自觉意识、PM2.5 了解程度的得分都呈现出稳步上升的趋势。就日常行为对气候变暖和自带购物袋意识而言,高收入群体则明显不符合环保自觉意识随家庭收入递增这一趋势。

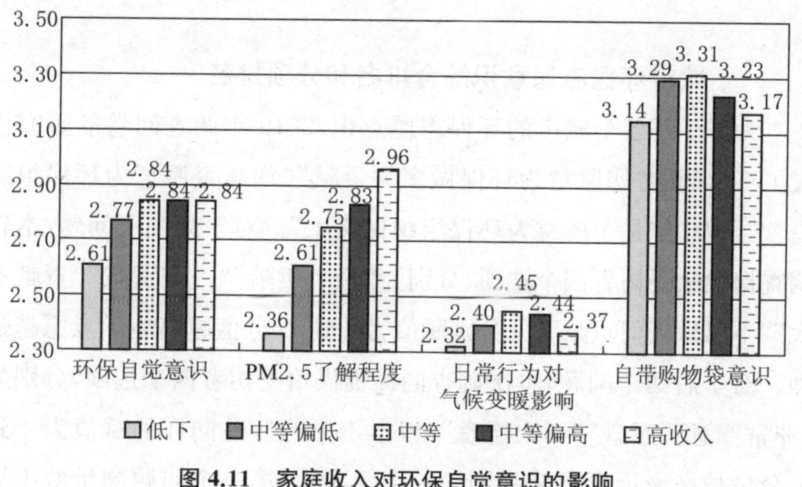


**图 4.11　家庭收入对环保自觉意识的影响**

## 第二节　环保志愿意识

作为整体的环境意识,既是人们对环境和环境保护的一个认识水平和认识程度,又是人们为环境保护而不断调整自身经济活动和社会行为,协调人与环境、人与自然关系实践活动的自觉性。如果说自觉意识更强调人们的认识水平和认识程度的话,那么本小节的志愿意识更侧重于人们实践活动的自觉性。

本节将介绍在被调查的35个城市中,城市居民的环保志愿意识水平的具体情况。由于环保志愿意识水平主要体现在自愿贡献时间、能力与财富并且为社会公众提供公益服务,所以本轮调查主要围绕从环保贡献意识、环保捐款意识、环保义工意识三个方面展开。同时,针对调查的连续性,本节将2019年与2017年的环境保护志愿意识的调查结果进行比较,以体现不同城市居民在环保志愿意识上的变化情况。

本节的主要内容包括:首先,公布各个城市环保志愿意识的综合排名和分项排名。然后,分析受访居民的个体特征对民众环保志愿意识的影响。

## 一、城市环保志愿意识综合排名和分项排名

为了了解各个城市的环保志愿意识,2019年调查问卷的研究设置了三个问题"您愿意为环保做多大贡献""您是否愿意为环保组织捐款"以及"您是否愿意为环保组织做义工"。对于第一个问题,本轮调查提供给受访者四个选项,分别为"很大贡献""一些贡献""贡献不大""不愿做任何贡献",并分别赋值为4到1,分值越高表示意愿越强烈。对于后两个问题,本次调查同样提供给受访者四个选项,分别为"非常愿意""愿意""不太愿意""根本不愿意",并同样的赋值为4到1,分值越高表示愿望越强烈。三个问题中,第一个问题测量城市居民的环保贡献意愿,第二个问题测量城市居民的环保捐款意识水平,最后一个问题关注城市居民的环保义工意识水平。以三个变量的平均值作为一个城市居民的环保志愿意识水平综合得分。

### (一)环保志愿意识综合排名

本书将这三个问题的得分进行综合排名。在环保志愿意识的综

合排名中，贵阳排名第1，得分为3.01分。排名前十的城市中，紧随其后的分别为成都(3.00)、天津(3.00)、济南(2.99)、长春(2.98)、重庆(2.98)、青岛(2.97)、呼和浩特(2.96)、兰州(2.95)、大连(2.95)。排名最后十位的城市，包括广州、厦门、南宁、长沙、福州、合肥、宁波、石家庄、杭州、昆明。

在环保志愿意识综合排名前十名的城市中，成都、天津、济南、长春和青岛5座城市在居民环保贡献意愿上排名在前十名；而贵阳、成都、济南、重庆、呼和浩特、兰州6座城市的居民捐款意愿同样比较强烈；贵阳、天津、长春、重庆、青岛和大连6座城市的居民为环境保护组织做义工的意愿同样名列前茅。其中，成都、天津、济南、长春、青岛、贵阳和重庆7座城市在其中两项中都名列前十，没有哪座城市在三项分排名中都进入前十。

在环保志愿意识综合排名后十名的城市中，厦门、长沙、合肥、宁波、杭州和昆明6座城市居民的环境贡献意愿同样排在后十名；而南宁、长沙、福州和石家庄4座城市居民的环保捐款意愿同样较弱；广州、厦门、南宁、福州、合肥、宁波、石家庄和昆明8座城市居民为环保组织做义工的意愿同样处于后十名中。从地域上看，无论是名列前茅的城市还是名次比较靠后的城市，都既有东部发达地区的城市也有中西部地区的城市，并没有体现出空间上的聚类特征。

**表4.6　2019年35座城市居民环保志愿意识综合排名**

| 排名 | 环保志愿意识 | | 环保贡献意愿 | | 环保捐款意识 | | 环保义工意识 | |
|---|---|---|---|---|---|---|---|---|
| 1 | 贵　阳 | 3.01 | 天　津 | 3.23 | 贵　阳 | 2.90 | 大　连 | 3.14 |
| 2 | 成　都 | 3.00 | 长　春 | 3.18 | 济　南 | 2.90 | 贵　阳 | 3.06 |
| 3 | 天　津 | 3.00 | 北　京 | 3.16 | 成　都 | 2.89 | 沈　阳 | 3.04 |
| 4 | 济　南 | 2.99 | 成　都 | 3.16 | 兰　州 | 2.85 | 青　岛 | 3.04 |
| 5 | 长　春 | 2.98 | 西　安 | 3.16 | 重　庆 | 2.85 | 深　圳 | 3.04 |

(续表)

| 排名 | 环保志愿意识 | | 环保贡献意愿 | | 环保捐款意识 | | 环保义工意识 | |
|---|---|---|---|---|---|---|---|---|
| 6 | 重　庆 | 2.98 | 广　州 | 3.12 | 太　原 | 2.82 | 南　昌 | 3.02 |
| 7 | 青　岛 | 2.97 | 石家庄 | 3.11 | 呼和浩特 | 2.81 | 长　春 | 3.02 |
| 8 | 呼和浩特 | 2.96 | 青　岛 | 3.10 | 银　川 | 2.81 | 重　庆 | 3.00 |
| 9 | 兰　州 | 2.95 | 上　海 | 3.10 | 南　昌 | 2.80 | 天　津 | 2.99 |
| 10 | 大　连 | 2.95 | 济　南 | 3.09 | 西　宁 | 2.80 | 乌鲁木齐 | 2.98 |
| 11 | 太　原 | 2.94 | 郑　州 | 3.09 | 海　口 | 2.79 | 呼和浩特 | 2.98 |
| 12 | 哈尔滨 | 2.93 | 哈尔滨 | 3.08 | 青　岛 | 2.78 | 兰　州 | 2.98 |
| 13 | 西　安 | 2.93 | 呼和浩特 | 3.08 | 天　津 | 2.77 | 哈尔滨 | 2.97 |
| 14 | 南　昌 | 2.93 | 重　庆 | 3.08 | 哈尔滨 | 2.75 | 济　南 | 2.97 |
| 15 | 西　宁 | 2.93 | 贵　阳 | 3.07 | 西　安 | 2.75 | 太　原 | 2.97 |
| 16 | 乌鲁木齐 | 2.92 | 大　连 | 3.06 | 长　春 | 2.75 | 西　宁 | 2.97 |
| 17 | 沈　阳 | 2.91 | 南　京 | 3.06 | 宁　波 | 2.75 | 成　都 | 2.95 |
| 18 | 北　京 | 2.90 | 南　宁 | 3.05 | 厦　门 | 2.74 | 南　京 | 2.94 |
| 19 | 深　圳 | 2.90 | 太　原 | 3.04 | 广　州 | 2.74 | 武　汉 | 2.93 |
| 20 | 武　汉 | 2.90 | 海　口 | 3.03 | 合　肥 | 2.74 | 银　川 | 2.93 |
| 21 | 郑　州 | 2.90 | 兰　州 | 3.03 | 武　汉 | 2.74 | 长　沙 | 2.92 |
| 22 | 南　京 | 2.90 | 武　汉 | 3.03 | 乌鲁木齐 | 2.74 | 北　京 | 2.91 |
| 23 | 银　川 | 2.90 | 乌鲁木齐 | 3.03 | 上　海 | 2.73 | 郑　州 | 2.90 |
| 24 | 上　海 | 2.89 | 福　州 | 3.01 | 昆　明 | 2.71 | 西　安 | 2.89 |
| 25 | 海　口 | 2.88 | 西　宁 | 3.01 | 深　圳 | 2.71 | 杭　州 | 2.87 |
| 26 | 广　州 | 2.88 | 沈　阳 | 3.00 | 郑　州 | 2.71 | 宁　波 | 2.86 |
| 27 | 厦　门 | 2.85 | 厦　门 | 2.96 | 福　州 | 2.70 | 合　肥 | 2.85 |
| 28 | 南　宁 | 2.84 | 南　昌 | 2.96 | 长　沙 | 2.69 | 厦　门 | 2.84 |

（续表）

| 排名 | 环保志愿意识 | | 环保贡献意愿 | | 环保捐款意识 | | 环保义工意识 | |
|---|---|---|---|---|---|---|---|---|
| 29 | 长　沙 | 2.84 | 杭　州 | 2.95 | 沈　阳 | 2.69 | 上　海 | 2.84 |
| 30 | 福　州 | 2.84 | 深　圳 | 2.95 | 南　京 | 2.69 | 海　口 | 2.83 |
| 31 | 合　肥 | 2.84 | 银　川 | 2.95 | 南　宁 | 2.66 | 昆　明 | 2.83 |
| 32 | 宁　波 | 2.84 | 合　肥 | 2.94 | 大　连 | 2.65 | 南　宁 | 2.82 |
| 33 | 石家庄 | 2.83 | 宁　波 | 2.92 | 杭　州 | 2.65 | 福　州 | 2.82 |
| 34 | 杭　州 | 2.82 | 长　沙 | 2.92 | 北　京 | 2.63 | 石家庄 | 2.82 |
| 35 | 昆　明 | 2.82 | 昆　明 | 2.91 | 石家庄 | 2.55 | 广　州 | 2.77 |

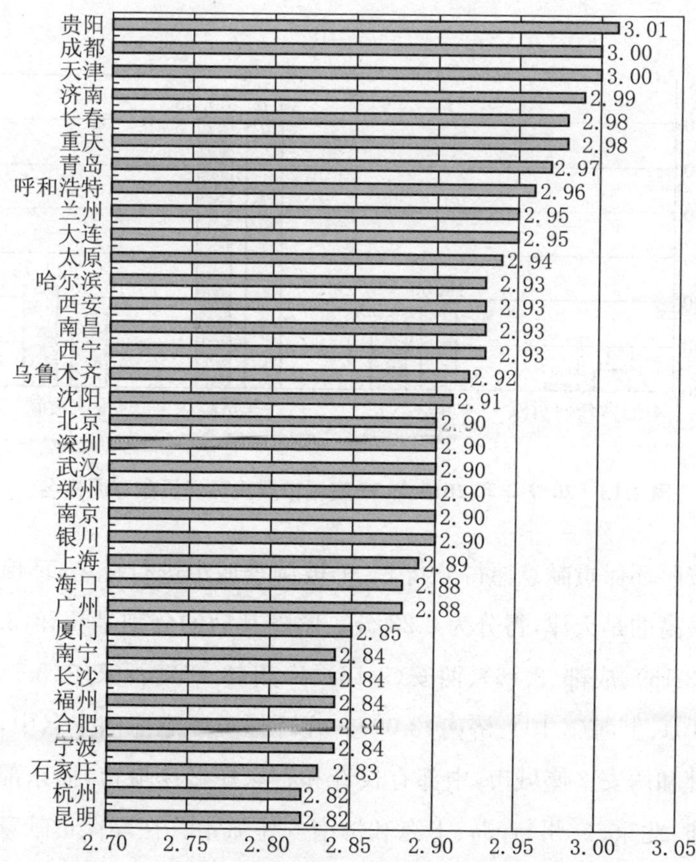


**图 4.12　2019 年 35 座城市居民环保志愿意识综合排名**

## (二) 环保贡献意愿

根据2019年的数据，总体而言，被调查城市的居民环保贡献意愿比较高，环保贡献意愿平均分为3.05分，标准差0.66，相当于大部分城市居民都愿意为环保做出一些贡献。具体的分布情况见图4.13。从分布上可以明显看出，回答"非常愿意"的城市居民占22.78%，而2017年只有16.40%的城市居民选择"非常愿意"，说明近两年来城市居民的环保贡献意愿有较大提高。选择"比较愿意"的城市居民占60.63%，这表示有83.41%的城市居民愿意为环保做贡献。选择"不太愿意"的城市居民占15.02%，选择"完全不愿意"的城市居民占1.57%，这表示仍有16.59%的受访城市居民不愿意为环保做贡献。

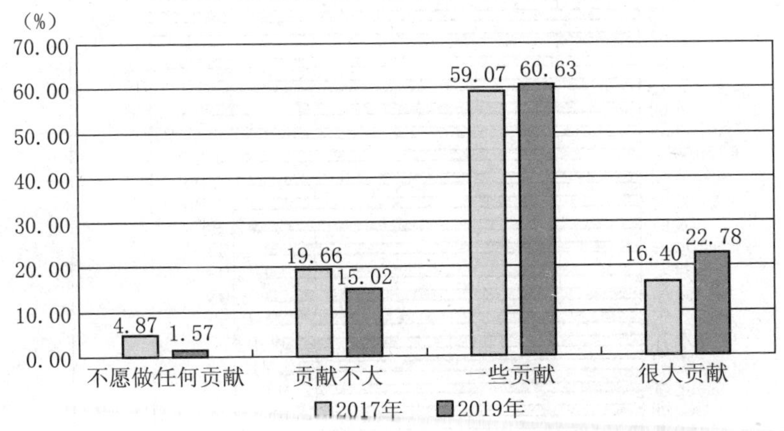


**图4.13 2017年和2019年35座城市居民环保贡献意愿排名**

按照环保贡献意愿得分将35个被调查城市进行排名，环保贡献意愿最高的是天津，得分为3.23分。紧随其后的分别是长春(3.18)、北京(3.16)、成都(3.16)、西安(3.16)、广州(3.12)、石家庄(3.11)、青岛(3.10)、上海(3.10)、济南(3.09)。在环保贡献意愿前十名中，西部有成都和西安2座城市，中部有长春和石家庄2座城市，而东部城市有天津、北京、广州、青岛、上海和济南6座城市。在环保贡献意愿最后十名中，西部城市有银川和昆明2座西部城市，南昌、合肥和长沙3

座中部城市，沈阳、厦门、杭州、深圳和宁波5座东部城市。从总体上看，东部地区城市居民的环保贡献意愿要高于西部及中部地区的城市居民。

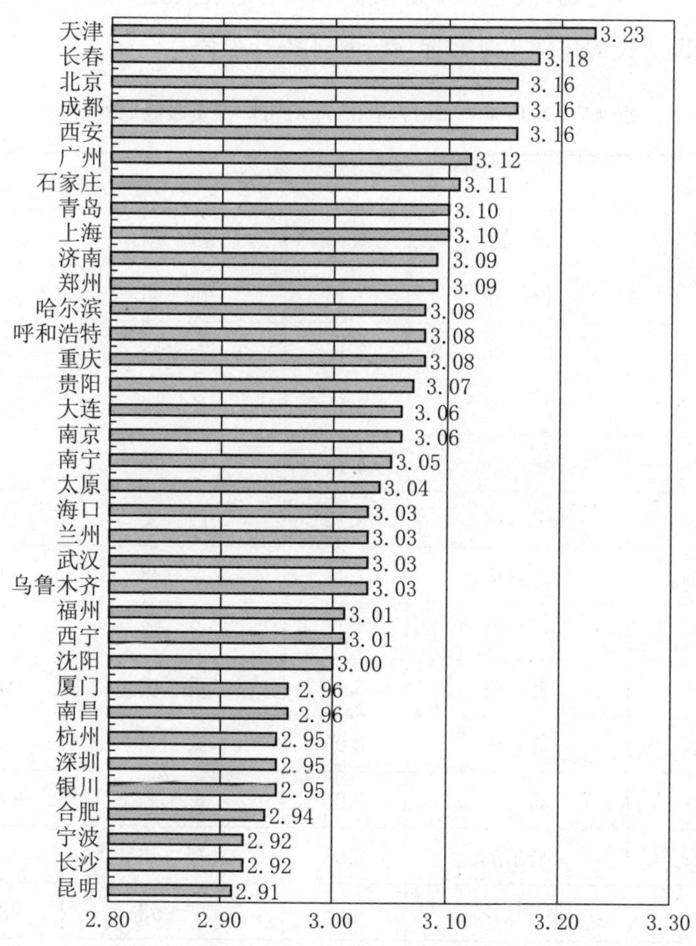

**图4.14　2019年35座城市环保贡献意愿排名**

根据表4.7，我们将2019年与2017年环保贡献意愿35座城市排名进行对比，发现环保贡献意愿得分整体有了较大的提高，平均分由2017年的2.87分提高到2019年的3.05分。但在一些城市排名变化较大的同时，仍然有一些城市的排名保持了相对稳定，在2017年排名前十名的城市中,成都、西安、石家庄、上海和济南5座城市在2019年度保住了前十名的位置。而在2017年度排名后十名的城市中,银川、南昌、厦门和沈阳5座城市依然在2019年度排在后十名。从以上结果,我们可以看出,最近5年以来从中央到地方大力推进生态文明建设,城市居民的环保贡献意愿得分整体提升很快。

**表4.7 2019年与2017年35座城市环保贡献意愿对比**

| 排名 | 2019年 | | 2017年 | |
|---|---|---|---|---|
| 1 | 天　津 | 3.23 | 济　南 | 3.15 |
| 2 | 长　春 | 3.18 | 昆　明 | 3.09 |
| 3 | 成　都 | 3.16 | 石家庄 | 3.07 |
| 4 | 西　安 | 3.16 | 长　沙 | 3.05 |
| 5 | 北　京 | 3.16 | 成　都 | 3.04 |
| 6 | 广　州 | 3.12 | 西　安 | 3.01 |
| 7 | 石家庄 | 3.11 | 兰　州 | 3.00 |
| 8 | 青　岛 | 3.10 | 上　海 | 3.00 |
| 9 | 上　海 | 3.10 | 重　庆 | 3.00 |
| 10 | 济　南 | 3.09 | 太　原 | 2.99 |
| 11 | 郑　州 | 3.09 | 贵　阳 | 2.96 |
| 12 | 哈尔滨 | 3.08 | 郑　州 | 2.92 |
| 13 | 呼和浩特 | 3.08 | 广　州 | 2.92 |
| 14 | 重　庆 | 3.08 | 天　津 | 2.90 |
| 15 | 贵　阳 | 3.07 | 福　州 | 2.89 |
| 16 | 南　京 | 3.06 | 大　连 | 2.88 |
| 17 | 大　连 | 3.06 | 青　岛 | 2.88 |
| 18 | 南　宁 | 3.05 | 深　圳 | 2.84 |

（续表）

| 排名 | 2019 年 | | 2017 年 | |
|---|---|---|---|---|
| 19 | 太　原 | 3.04 | 合　肥 | 2.84 |
| 20 | 兰　州 | 3.03 | 宁　波 | 2.84 |
| 21 | 武　汉 | 3.03 | 长　春 | 2.83 |
| 22 | 海　口 | 3.03 | 西　宁 | 2.83 |
| 23 | 乌鲁木齐 | 3.03 | 杭　州 | 2.81 |
| 24 | 西　宁 | 3.01 | 哈尔滨 | 2.81 |
| 25 | 福　州 | 3.01 | 武　汉 | 2.79 |
| 26 | 沈　阳 | 3.00 | 海　口 | 2.79 |
| 27 | 厦　门 | 2.96 | 南　京 | 2.78 |
| 28 | 南　昌 | 2.96 | 银　川 | 2.78 |
| 29 | 银　川 | 2.95 | 南　昌 | 2.77 |
| 30 | 杭　州 | 2.95 | 北　京 | 2.77 |
| 31 | 深　圳 | 2.95 | 厦　门 | 2.77 |
| 32 | 合　肥 | 2.94 | 沈　阳 | 2.74 |
| 33 | 宁　波 | 2.92 | 呼和浩特 | 2.73 |
| 34 | 长　沙 | 2.92 | 乌鲁木齐 | 2.68 |
| 35 | 昆　明 | 2.91 | 南　宁 | 2.68 |

### （三）环保捐款意识

对于环保志愿意识的第二个问题，环保捐款意愿，从 35 个城市的总体得分上，要普遍低于环保贡献意愿，35 个城市的平均分为 2.75 分，标准差 0.69，说明大部分居民对于捐款的态度介于不愿捐款与愿意捐款之间，并倾向于愿意捐款。具体的分布情况见图 4.15。从分布上可以明显看出，回答“非常愿意”的城市居民占 8.27%，相对于

2017年的10.76%有所下降;选择"比较愿意"的城市居民占64.88%,这表示有73.15%的城市居民愿意为环保做贡献。选择"不太愿意"的城市居民占20.41%,选择"完全不愿意"的城市居民占6.44%,这表示仍有26.85%的城市居民不愿意为环保做贡献。总体来说,城市居民的环保捐款意愿略有下降。

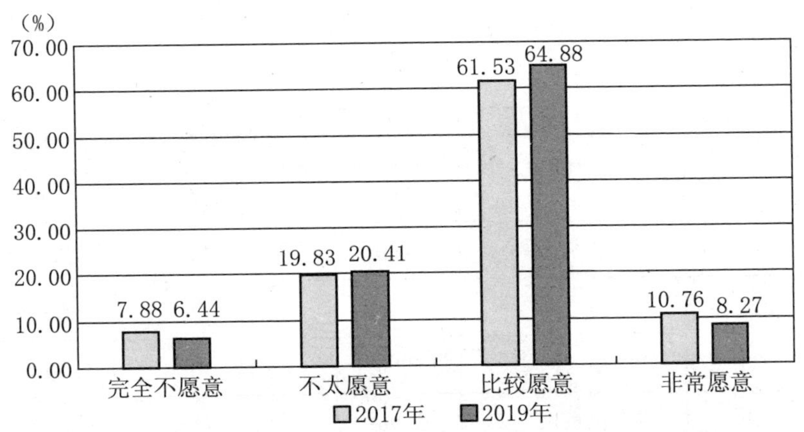


**图4.15　2017年和2019年35座城市居民环保捐款意识排名**

在捐款意愿上名列榜首的是贵阳,得分为2.90分,说明大部分居民愿意捐款。紧随其后的有济南(2.90)、成都(2.89)、兰州(2.85)、重庆(2.85)、太原(2.82)、呼和浩特(2.81)、银川(2.81)、南昌(2.80)和西宁(2.80)。具体的分布情况见图4.16。从上述名单可以看出,在捐款意愿上名列前茅的西部城市有贵阳、成都、兰州、重庆、银川和西宁6座城市,中部城市有太原、呼和浩特和南昌,东部城市只有济南,说明在捐款意识上中西部地区的城市居民意愿比较强烈。对比2017年,城市居民捐款意识的城市分布发生了很大的变化,中西部城市居民的环保捐款意识开始超过东部城市。而在捐款意愿上排在最后十名的城市中,仅有西宁这座西部地区的城市,其余均为东部和中部地区的城市。

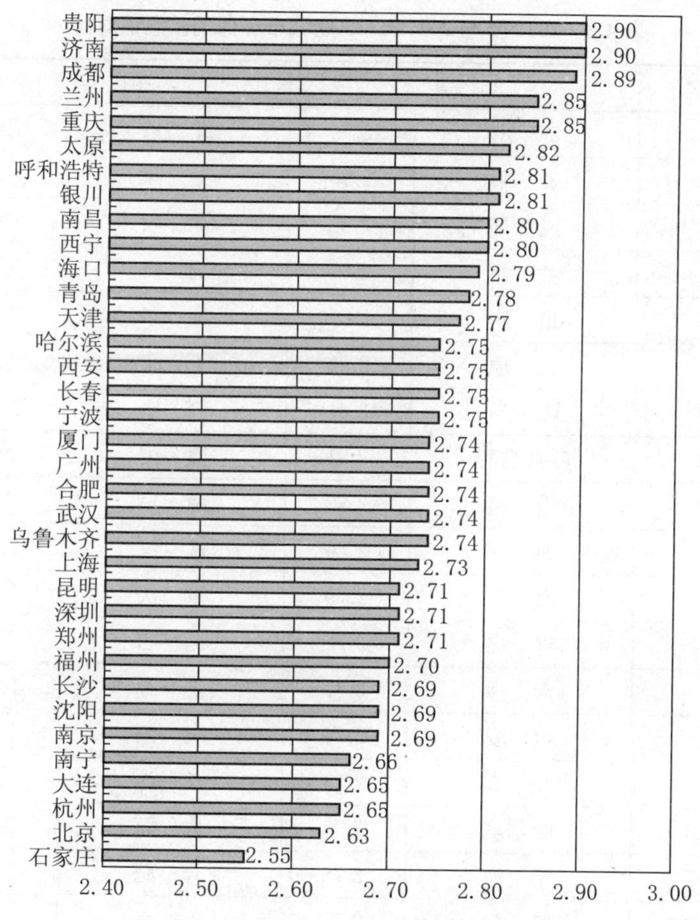


**图 4.16 2019 年 35 座城市环保捐款意识排名**

根据表 4.8,我们将 2019 年与 2017 年环保捐款意识城市排名进行对比,发现环保贡献意愿得分基本保持不变,略有一定程度的下滑,平均分由 2017 年的 2.751 7 分下滑到 2019 年的 2.749 7 分。城市排名变化很大,在 2017 年排名前十名的城市中,只有兰州这座城市在 2019 年度保住了前十名的位置。而在 2017 年度排名后十名的城市中,也只有郑州这座城市依然在 2019 年度排在后十名。从以上结果,我们可以看出,最近 5 年以来从中央到地方大力推进生态文明建设,但在城市居民环保捐款意识上收效甚微。

表 4.8　2019 年与 2017 年 35 座城市环保捐款意识对比

| 排名 | 2019 年 | | 2017 年 | |
|---|---|---|---|---|
| 1 | 济　南 | 2.90 | 北　京 | 2.99 |
| 2 | 贵　阳 | 2.90 | 兰　州 | 2.97 |
| 3 | 成　都 | 2.89 | 沈　阳 | 2.95 |
| 4 | 兰　州 | 2.85 | 福　州 | 2.94 |
| 5 | 重　庆 | 2.85 | 海　口 | 2.93 |
| 6 | 太　原 | 2.82 | 天　津 | 2.91 |
| 7 | 银　川 | 2.81 | 南　宁 | 2.91 |
| 8 | 呼和浩特 | 2.81 | 厦　门 | 2.90 |
| 9 | 南　昌 | 2.80 | 南　京 | 2.87 |
| 10 | 西　宁 | 2.80 | 武　汉 | 2.85 |
| 11 | 海　口 | 2.79 | 重　庆 | 2.84 |
| 12 | 青　岛 | 2.78 | 昆　明 | 2.83 |
| 13 | 天　津 | 2.77 | 长　春 | 2.81 |
| 14 | 西　安 | 2.75 | 贵　阳 | 2.74 |
| 15 | 长　春 | 2.75 | 长　沙 | 2.73 |
| 16 | 哈尔滨 | 2.75 | 太　原 | 2.72 |
| 17 | 宁　波 | 2.75 | 合　肥 | 2.70 |
| 18 | 厦　门 | 2.74 | 上　海 | 2.70 |
| 19 | 合　肥 | 2.74 | 西　宁 | 2.69 |
| 20 | 武　汉 | 2.74 | 青　岛 | 2.69 |
| 21 | 广　州 | 2.74 | 乌鲁木齐 | 2.67 |
| 22 | 乌鲁木齐 | 2.74 | 济　南 | 2.67 |
| 23 | 上　海 | 2.73 | 杭　州 | 2.66 |
| 24 | 昆　明 | 2.71 | 大　连 | 2.65 |
| 25 | 深　圳 | 2.71 | 石家庄 | 2.65 |
| 26 | 郑　州 | 2.71 | 南　昌 | 2.64 |
| 27 | 福　州 | 2.70 | 西　安 | 2.64 |
| 28 | 长　沙 | 2.69 | 广　州 | 2.64 |

（续表）

| 排名 | 2019 年 | | 2017 年 | |
|---|---|---|---|---|
| 29 | 南　京 | 2.69 | 成　都 | 2.63 |
| 30 | 沈　阳 | 2.69 | 深　圳 | 2.58 |
| 31 | 南　宁 | 2.66 | 郑　州 | 2.57 |
| 32 | 大　连 | 2.65 | 哈尔滨 | 2.54 |
| 33 | 杭　州 | 2.65 | 呼和浩特 | 2.53 |
| 34 | 北　京 | 2.63 | 宁　波 | 2.53 |
| 35 | 石家庄 | 2.55 | 银　川 | 2.45 |

### （四）环保义工意识

对于环境志愿意识的第三个问题，“环保义工意愿”，35 座城市的总体状况要低于环保贡献意愿，但好于环保捐款意愿，总的平均分为 2.93 分，标准差 0.61，相当于大部分城市居民都愿意为环保做出一些义工。具体的分布情况见图 4.17。从分布上可以明显看出，回答“非常愿意”的城市居民占 13.11%，选择“比较愿意”的城市居民占 69.64%，这表示有 82.75%的城市居民愿意为环保做贡献。但是相对于 2017 年，选择“非常愿意”的城市居民从 14.01%下降到 13.11%。选择“不太愿意”的城市居民占 14.79%，选择“完全不愿意”的城市居民占 2.45%，这表示仍有 17.24%的城市居民不愿意为环保做贡献。总的来说，城市居民的环保义工意识略有上升。

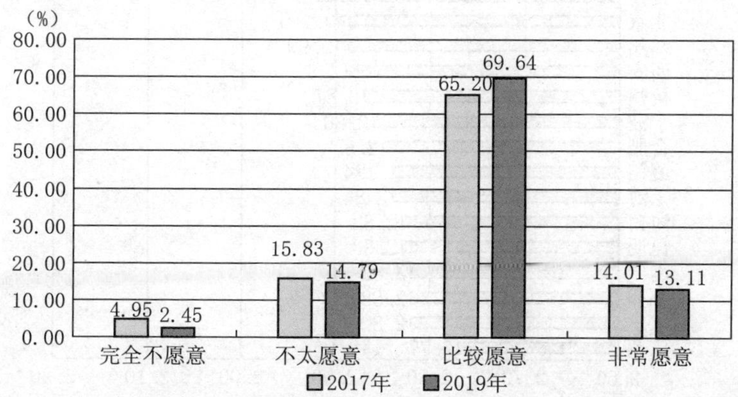


图 4.17　2019 年 35 座城市居民环保义工意识排名

其中大连城市居民的环保义工意愿最高，为3.14分，紧随其后的是贵阳(3.06)、沈阳(3.04)、青岛(3.04)、深圳(3.04)、南昌(3.02)、长春(3.02)、重庆(3.00)、天津(2.99)及乌鲁木齐(2.98)，如图4.17。在排名前十位的城市中，有贵阳、重庆和乌鲁木齐3座西部城市，南昌、长春2座中部城市，其余5座为东部地区的城市。而排在后十名的城市中，有宁波、厦门、上海、福州、石家庄和广州6座东部城市，合肥、海口2座中部地区的城市，昆明、南宁2座西部地区的城市。整体来看，东部城市的环保义工意识要高于中西部城市。

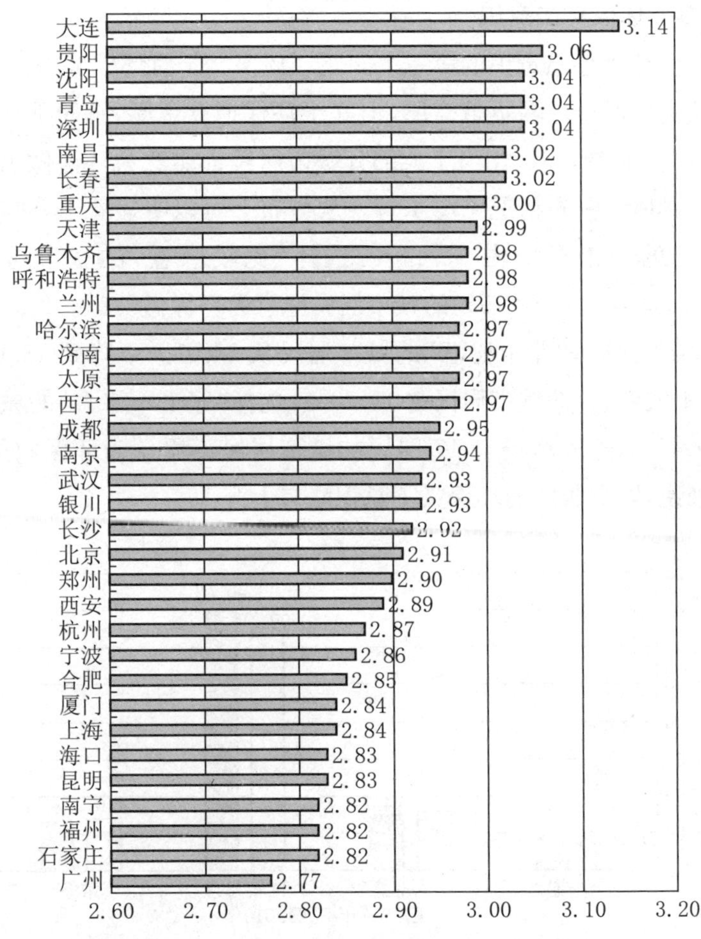


**图4.18　2019年35座城市环保义工意识排名**

将2019年与2017年两轮调查结果进行对比，城市居民环保义工意识的平均得分略有提高，从2017年的2.88上升到2019年的2.93。在2017年排名前十的城市中，只有重庆、天津和长春在2019年的调查中继续排名在前十位。而在2017年的调查中排名后十位的城市中，有广州、合肥、宁波、杭州4座城市在2019年的调查中排名仍然比较低。与环保捐款意识不同的是，虽然排名前十的环保义工城市变化较大，但是排在后面的城市变化不大。

**表4.9 2019年与2017年35座城市环保义工意识对比**

| 排名 | 2019年 | | 2017年 | |
|---|---|---|---|---|
| 1 | 大 连 | 3.14 | 重 庆 | 3.11 |
| 2 | 贵 阳 | 3.06 | 兰 州 | 3.10 |
| 3 | 青 岛 | 3.04 | 北 京 | 3.04 |
| 4 | 深 圳 | 3.04 | 长 沙 | 3.03 |
| 5 | 沈 阳 | 3.04 | 海 口 | 3.00 |
| 6 | 长 春 | 3.02 | 天 津 | 2.99 |
| 7 | 南 昌 | 3.02 | 昆 明 | 2.97 |
| 8 | 重 庆 | 3.00 | 厦 门 | 2.96 |
| 9 | 天 津 | 2.99 | 成 都 | 2.96 |
| 10 | 乌鲁木齐 | 2.98 | 长 春 | 2.95 |
| 11 | 兰 州 | 2.98 | 济 南 | 2.95 |
| 12 | 呼和浩特 | 2.98 | 沈 阳 | 2.95 |
| 13 | 济 南 | 2.97 | 上 海 | 2.94 |
| 14 | 西 宁 | 2.97 | 南 京 | 2.94 |
| 15 | 哈尔滨 | 2.97 | 武 汉 | 2.92 |
| 16 | 太 原 | 2.97 | 福 州 | 2.88 |
| 17 | 成 都 | 2.95 | 西 宁 | 2.88 |
| 18 | 南 京 | 2.94 | 大 连 | 2.87 |
| 19 | 银 川 | 2.93 | 青 岛 | 2.86 |

(续表)

| 排名 | 2019 年 | | 2017 年 | |
|---|---|---|---|---|
| 20 | 武　汉 | 2.93 | 贵　阳 | 2.86 |
| 21 | 长　沙 | 2.92 | 太　原 | 2.85 |
| 22 | 北　京 | 2.91 | 郑　州 | 2.84 |
| 23 | 郑　州 | 2.90 | 南　宁 | 2.83 |
| 24 | 西　安 | 2.89 | 西　安 | 2.83 |
| 25 | 杭　州 | 2.87 | 哈尔滨 | 2.83 |
| 26 | 宁　波 | 2.86 | 深　圳 | 2.79 |
| 27 | 合　肥 | 2.85 | 广　州 | 2.78 |
| 28 | 厦　门 | 2.84 | 乌鲁木齐 | 2.77 |
| 29 | 上　海 | 2.84 | 合　肥 | 2.76 |
| 30 | 海　口 | 2.83 | 宁　波 | 2.75 |
| 31 | 昆　明 | 2.83 | 杭　州 | 2.74 |
| 32 | 南　宁 | 2.82 | 石家庄 | 2.73 |
| 33 | 石家庄 | 2.82 | 南　昌 | 2.69 |
| 34 | 福　州 | 2.82 | 银　川 | 2.68 |
| 35 | 广　州 | 2.77 | 呼和浩特 | 2.60 |

## 二、城市居民环保志愿意识影响因素分析

在了解了城市环保志愿意识整体排名以及分项排名之后,下面将分析受访居民的个体特征因素对环保志愿意识的影响,目的是揭示,哪些因素影响了城市居民环保志愿意识的形成。问卷分别从性别、年龄、学历和家庭收入四个方面来探究受访居民的个体特征因素与环保志愿意识水平之间的关系。

### (一) 性别因素

首先是性别差异与环保志愿意识水平的相关性。从图 4.19 可以看出女性在环保志愿意识上的平均值(2.89)要略高于男性受访居民

(2.85)，对于三个分项问题，女性都要高于男性。如果对性别与环保贡献意愿进行相关性检验，我们可以发现两者之间高度显著(斯皮尔曼双尾相关系数为 0.128， ** P<0.01)，女性的环保志愿意识要显著高于男性。

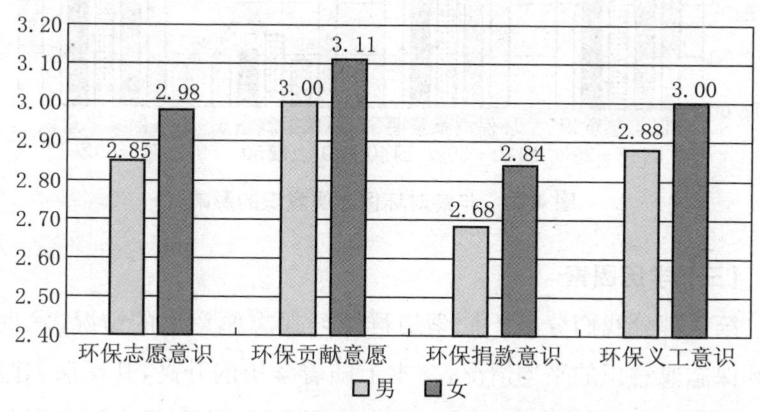


**图 4.19　性别对环保志愿意识的影响**

## (二) 年龄因素

接下来我们对年龄与环保志愿意识之间的关系进行分析。首先是环保志愿意识的总体情况，图 4.20 显示不同年龄段群体之间环保志愿意识的平均分相差不多，最低的为 30—39 岁年龄段群体(2.88)，最高的为 18—29 岁的年龄段群体(2.94)。在三个分项问题上，环保贡献意愿最强的人群是 18—29 岁年龄段群体(3.08)，最低的是 40—49 岁年龄段群体(3.00)，不同年龄段的城市居民的环保贡献意愿并没有呈现出明显的规律。相比于环保贡献意愿和环保捐款意识，环保义工意识则呈现出明显的年龄规律，随着年龄的增加，城市居民的环保义工意识逐渐增加，从 18—29 岁的 2.91 分上升到 60 岁以上年龄段群体的 3.01 分。

如果我们对年龄与居民环保志愿意识的相关性进行分析，可以发现环保志愿意识平均分与年龄之间的关系为负相关(双尾检验相关系数为 0.033)，说明随着年龄的增加，城市居民的环保志愿意识在下降。

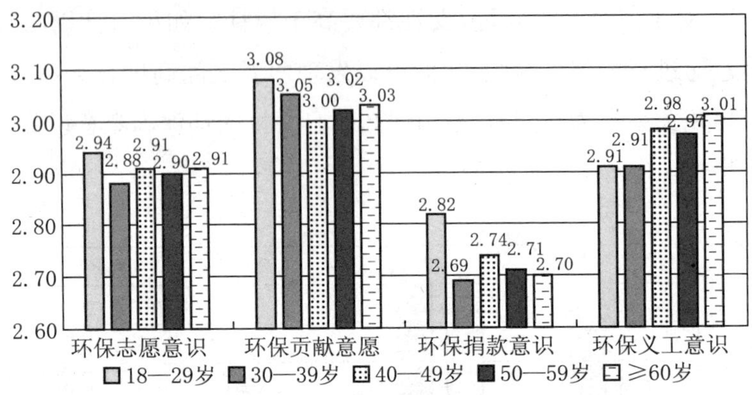


**图 4.20 年龄对环保志愿意识的影响**

## (三) 学历因素

第三部分我们分析不同学历群体环保志愿意识的情况,发现对于环保志愿意识的平均情况,基本上随着学历的升高,其环保志愿意识也不断加强,但从大专到博士及以上学历之后,环保志愿意识基本保持不变,见图 4.21。这说明随着学历的增长,环保志愿意识也随之增长,但是到了大专以上,就趋于饱和。如果我们对学历与居民环保志愿意识的相关性进行分析,可以发现环保志愿意识平均分与学历之间的关系为正相关(双尾检验相关系数为 0.033),说明随着学历的增加,城市居民的环保志愿意识在上升。

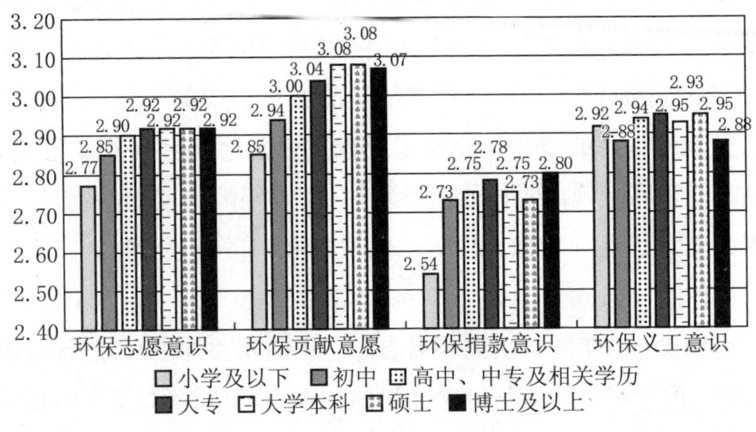


**图 4.21 学历对环保志愿意识的影响**

### （四）家庭收入因素

第四部分我们分析不同家庭收入人群环保志愿意识的情况，我们发现对于环保志愿意识的平均情况，基本上随着家庭收入的升高不断加强，但高收入家庭的环保志愿意识反倒是下降，如图 4.22。这说明一般而言，随着家庭收入的增长，环保志愿意识也随之增长，但是高收入家庭的环保志愿意识不一定高。如果我们对家庭收入与居民环保志愿意识的相关性进行分析，可以发现环保志愿意识平均分与家庭收入之间的关系为正相关（双尾检验相关系数为 0.066，** P<0.01），说明随着家庭收入的增加，城市居民的环保志愿意识在上升。

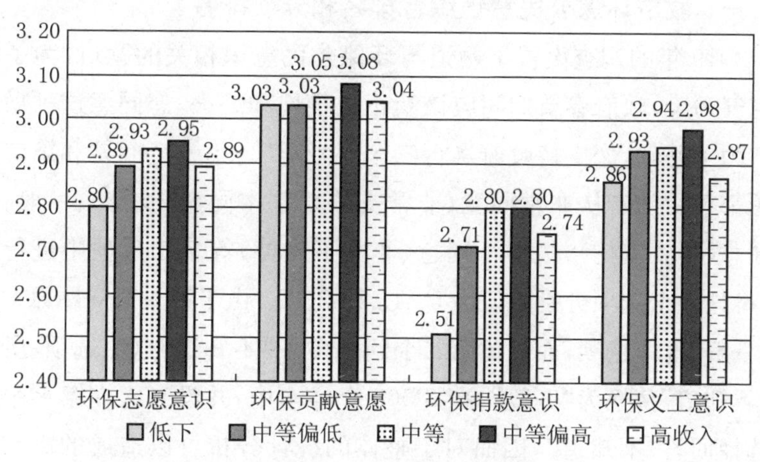


**图 4.22　家庭收入对环保志愿意识的影响**

## 第三节　环保公民意识

近年来，我国生态文明建设地位得到显著提升，污染防治被列为三大攻坚战之一，以“蓝天保卫战”为代表的中国环保工作逐渐走入深水区，使得政府环境保护工作越来越深入民众日常生活。政府积极履行自身的监管责任、加强环保执法力度，必然加剧环境公共利益与民众私人利益之间的张力和冲突，环保公民意识便在环境公共利益和私人利益之间的矛盾中产生。环保公民意识集中体现为民众为了追求环境公共利益而接受法规制度和政府政策对于日常生活进行渗透和规制的意愿。烟花禁燃政策和汽车限号政策是地方政府为了改善城市空气质量而对市民日常生活行为进行的规制和约束，分别体现了中国民众传统节日习俗、以私家车为主的日常出行方式与国家大气污染防治工作之间的张力和冲突。

本节的主要内容包括：首先，公布各个城市环保公民意识的综合排名和分项排名。其次，分析受访居民的个体特征对公众环保公民意识的影响。

## 一、城市环保公民意识综合排名和分项排名

2019 年的调查设置了两道与环保公民意识相关的题目“为了防止空气污染，政府春节期间应该禁止放鞭炮和焰火，您同意这种做法吗”“为了环保，您支持政府实行汽车限号吗”。第一个问题和第二个问题都请受访者从非常同意（非常支持）、基本同意（支持）、一般、不太同意（不太支持）、根本不同意（非常不支持）等 5 个选项中进行选择，将这 5 个选项分别赋值为 5、4、3、2、1。由于第一个问题原本没有“一般”这个选项，而相比第二个问题多了“不知道”这个选项，所以将“不知道”替换为“一般”，在 3 508 个样本中，并没有人在第一个问题选择回答“不知道”，因而对于整体的统计分析可以造成的影响忽略不计。第一个问题测量城市居民对于烟花禁燃政策的态度，第二个问题测量城市居民对于汽车限号政策的态度，本部分以两个变量的平均值作为一个城市居民环保公民意识水平的综合得分。

### （一）环保公民意识综合排名

表 4.10 展示了 35 个被调查城市烟花禁燃政策支持度、汽车限号政策支持度以及经过两个问题综合处理后的环保公民意识排名。在环保公民意识的排名中，天津市排名第 1，得分为 4.23 分。排名前十的城市中，紧随其后的分别为长春（4.11）、贵阳（4.10）、武汉（4.06）、南京（4.01）、青岛（4.01）、太原（4.00）、西安（3.98）、哈尔滨（3.97）、成都（3.96）。排名后十位的城市中，包括深圳（3.78）、福州（3.78）、北京

(3.75)、乌鲁木齐(3.75)、银川(3.74)、广州(3.73)、沈阳(3.71)、南宁(3.60)、石家庄(3.56)。

**表 4.10 2019 年 35 座城市居民环保公民意识综合排名**

| 排名 | 环保公民意识 | | 烟花禁燃政策支持度 | | 汽车限号政策支持度 | |
|---|---|---|---|---|---|---|
| 1 | 天　津 | 4.23 | 武　汉 | 4.40 | 贵　阳 | 4.11 |
| 2 | 长　春 | 4.11 | 天　津 | 4.37 | 天　津 | 4.09 |
| 3 | 贵　阳 | 4.10 | 南　京 | 4.36 | 南　昌 | 3.99 |
| 4 | 武　汉 | 4.06 | 上　海 | 4.28 | 成　都 | 3.97 |
| 5 | 南　京 | 4.01 | 合　肥 | 4.26 | 长　春 | 3.96 |
| 6 | 青　岛 | 4.01 | 长　春 | 4.25 | 呼和浩特 | 3.94 |
| 7 | 太　原 | 4.00 | 杭　州 | 4.22 | 兰　州 | 3.94 |
| 8 | 西　安 | 3.98 | 西　安 | 4.18 | 哈尔滨 | 3.88 |
| 9 | 哈尔滨 | 3.97 | 青　岛 | 4.17 | 太　原 | 3.87 |
| 10 | 成　都 | 3.96 | 济　南 | 4.16 | 青　岛 | 3.85 |
| 11 | 杭　州 | 3.95 | 宁　波 | 4.14 | 郑　州 | 3.79 |
| 12 | 合　肥 | 3.95 | 太　原 | 4.12 | 西　安 | 3.78 |
| 13 | 兰　州 | 3.95 | 深　圳 | 4.09 | 昆　明 | 3.76 |
| 14 | 南　昌 | 3.92 | 贵　阳 | 4.08 | 海　口 | 3.75 |
| 15 | 呼和浩特 | 3.92 | 哈尔滨 | 4.05 | 厦　门 | 3.74 |
| 16 | 济　南 | 3.92 | 重　庆 | 4.05 | 大　连 | 3.71 |
| 17 | 上　海 | 3.90 | 西　宁 | 4.04 | 武　汉 | 3.71 |
| 18 | 重　庆 | 3.88 | 广　州 | 4.01 | 重　庆 | 3.70 |
| 19 | 海　口 | 3.86 | 沈　阳 | 4.00 | 乌鲁木齐 | 3.69 |
| 20 | 昆　明 | 3.83 | 银　川 | 3.97 | 杭　州 | 3.68 |
| 21 | 西　宁 | 3.83 | 海　口 | 3.96 | 济　南 | 3.67 |
| 22 | 宁　波 | 3.82 | 兰　州 | 3.96 | 南　京 | 3.66 |
| 23 | 大　连 | 3.82 | 成　都 | 3.95 | 福　州 | 3.64 |
| 24 | 厦　门 | 3.81 | 长　沙 | 3.92 | 合　肥 | 3.64 |
| 25 | 郑　州 | 3.79 | 大　连 | 3.92 | 西　宁 | 3.61 |

(续表)

| 排名 | 环保公民意识 | | 烟花禁燃政策支持度 | | 汽车限号政策支持度 | |
|---|---|---|---|---|---|---|
| 26 | 深　圳 | 3.78 | 福　州 | 3.91 | 北　京 | 3.60 |
| 27 | 福　州 | 3.78 | 北　京 | 3.90 | 上　海 | 3.52 |
| 28 | 北　京 | 3.75 | 昆　明 | 3.90 | 宁　波 | 3.50 |
| 29 | 乌鲁木齐 | 3.75 | 呼和浩特 | 3.89 | 银　川 | 3.50 |
| 30 | 银　川 | 3.74 | 厦　门 | 3.87 | 长　沙 | 3.50 |
| 31 | 广　州 | 3.73 | 南　昌 | 3.85 | 深　圳 | 3.47 |
| 32 | 沈　阳 | 3.73 | 南　宁 | 3.83 | 沈　阳 | 3.45 |
| 33 | 长　沙 | 3.71 | 乌鲁木齐 | 3.81 | 广　州 | 3.45 |
| 34 | 南　宁 | 3.60 | 郑　州 | 3.78 | 石家庄 | 3.43 |
| 35 | 石家庄 | 3.56 | 石家庄 | 3.68 | 南　宁 | 3.37 |

通过表 4.10 可以看出,在环保公民意识综合排名前十名的城市中,天津、长春、青岛 3 座城市在烟花禁燃政策支持度、汽车限号政策支持度上也都在前十名。此外,在环保公民意识综合排名后十名的城市中,只有北京、南宁、石家庄 3 座城市在三项排名中都排在后十名。在烟花禁燃政策支持度和汽车限号政策支持度方面,上海与呼和浩特呈现出巨大的反差;上海市市民虽然非常支持烟花禁燃政策,但在汽车限号政策支持方面排在最后十名;呼和浩特市十名虽然非常支持汽车限号政策,但在烟花禁燃政策方面排在最后十名。此外,在汽车限号政策支持方面,北上广深等四大一线城市都位于最后十名,说明一线城市居民日常生活出行非常依赖于私家车,实行多年的汽车限号政策可能并未显著改变客观的交通拥堵状况以及民众的主观感知,进而削弱了他们对于汽车限号政策的支持度。

从环保公民意识综合排名来看,排名前十的城市中,天津、长春、南京、青岛、哈尔滨 5 座城市是东部城市,贵阳、西安、成都 3 座城市是西部城市,中部地区城市只包括武汉和太原。而在排名后十位的城市中,深圳、福州、北京、广州、沈阳、石家庄 6 座城市是东部城市,乌鲁木齐、银川、南宁3座城市是西部城市，只有长沙属于中部地区。

### （二）烟花禁燃政策支持度排名

关于烟花禁燃政策支持度，被调查城市的居民普遍得分较高，平均值为4.04，标准差为1.231，具体的分布情况见图4.23。其中，回答“非常同意”的占47.63％，回答“基本同意”的占33.15％，这表示有80.78％的城市居民支持政府的烟花禁燃政策。

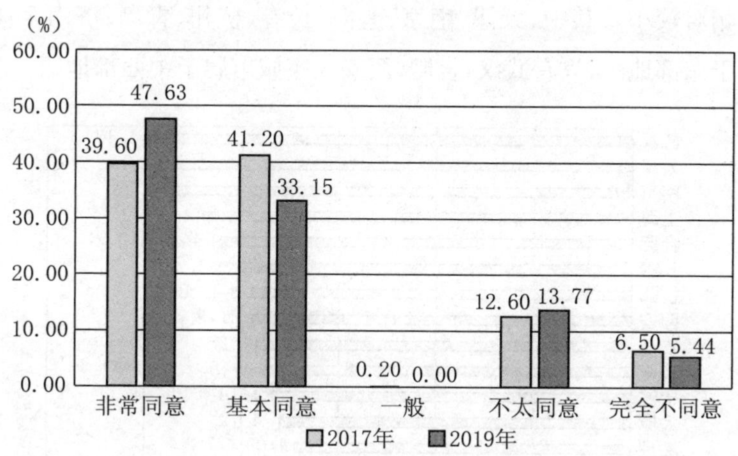


**图4.23　烟花禁燃政策支持度得分分布**

中国城市居民环保态度历次调查对于烟花禁燃政策支持度都有所涉及，在2013年的调查中有34％的受调查居民回答“非常同意”以及“基本同意”、51.2％的受调查居民选择“一般”，在2015年的调查中有77.86％的受访者在10点式的量表测量中给出了6分及以上分数，在2017年的调查中有80.73％的受访者选择“非常同意”以及“基本同意”，其中回答“非常同意”的城市居民占39.55％，回答“基本同意”的占41.18％。通过将历次调查结果进行对比，我们可以发现绝大多数城市居民对于春节期间燃放烟花鞭炮的民俗已经不再坚持。此外，2019年烟花禁燃政策支持度的选项设计与2017年完全相同，具有非常高的可比性，选择“非常同意”以及“基本同意”的城市居民群体占比相对稳定，内部比例出现了一定的调整，选择“非常同意”的比例提高了8％，这表明中国城市居民在烟花禁燃政策支持度方面的强度在不断增加。

按照各城市受调查居民的得分,将35座城市进行排名(见图4.24),对于烟花禁燃政策支持度最高的是武汉,得分高达4.40分。紧随其后的是天津(4.37)、南京(4.36)、上海(4.28)、合肥(4.26)、长春(4.25)、杭州(4.22)、西安(4.18)、青岛(4.17)、济南(4.16)。在烟花禁燃政策支持度前十名的城市中,武汉、天津、南京的领先优势较为明显,其他城市内部的差距相对较小。其中,天津、南京、上海、长春、杭州、青岛、济南7座城市属于东部地区,只有武汉、合肥、西安3座城市属于中西部地区。

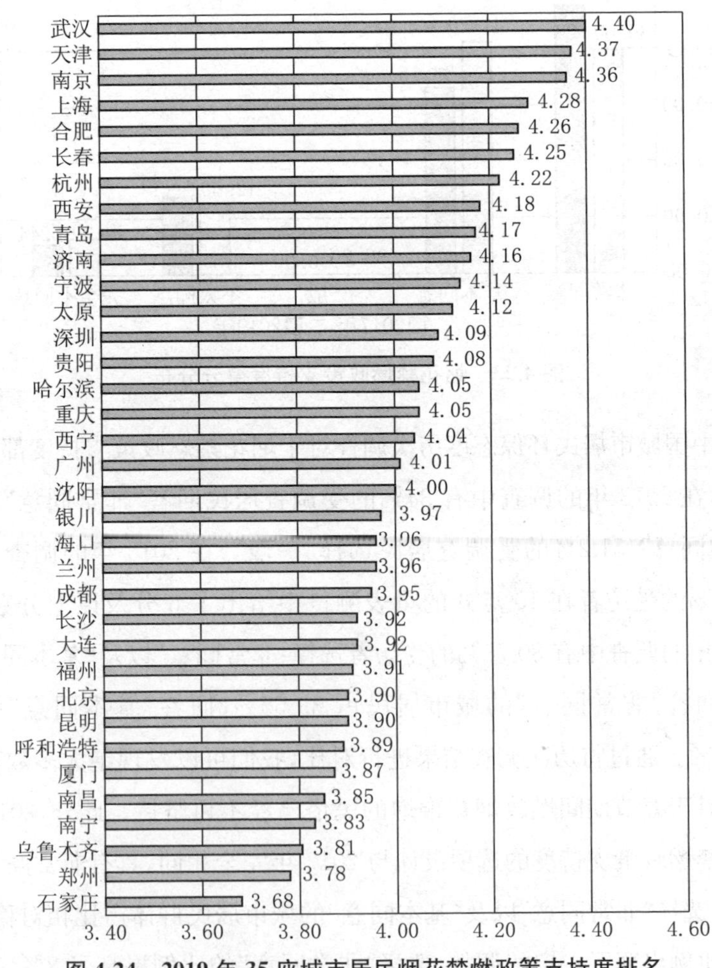


**图4.24 2019年35座城市居民烟花禁燃政策支持度排名**

根据表 4.11，我们将 2019 年与 2017 年烟花禁燃政策支持度城市排名进行对比。由于 2019 年烟花禁燃政策支持度的选项设计与 2017 年完全相同，不同城市排名和得分可以直接进行对比。2017 年烟花禁燃政策支持度的均值为 3.95，2019 年烟花禁燃政策支持度的均值为 4.04，意味着中国城市居民对于烟花禁燃政策的支持度实现了一定程度的提高。此外，在 2017 年排名前十名的城市中，只有上海和济南 2 座城市在 2019 年仍然保留在前十名的位置。而在 2017 年排名后十名的城市中，呼和浩特、郑州、厦门、南昌 4 座城市依然在 2019 年排在后十名，南京、西安、杭州 3 座城市则从 2017 年的后十名跃升为 2019 年的前十名，实现了大幅度的名次提升。

**表 4.11　2019 年与 2017 年 35 座城市烟花禁燃政策支持度对比**

| 排名 | 2019 年 | | 2017 年 | |
|---|---|---|---|---|
| 1 | 武　汉 | 4.40 | 上　海 | 4.38 |
| 2 | 天　津 | 4.37 | 济　南 | 4.22 |
| 3 | 南　京 | 4.36 | 昆　明 | 4.17 |
| 4 | 上　海 | 4.28 | 成　都 | 4.14 |
| 5 | 合　肥 | 4.26 | 长　沙 | 4.06 |
| 6 | 长　春 | 4.25 | 海　口 | 4.06 |
| 7 | 杭　州 | 4.22 | 大　连 | 4.05 |
| 8 | 西　安 | 4.18 | 哈尔滨 | 4.05 |
| 9 | 青　岛 | 4.17 | 福　州 | 4.05 |
| 10 | 济　南 | 4.16 | 宁　波 | 4.02 |
| 11 | 宁　波 | 4.14 | 天　津 | 4.01 |
| 12 | 太　原 | 4.12 | 合　肥 | 4.00 |
| 13 | 深　圳 | 4.09 | 重　庆 | 3.99 |
| 14 | 贵　阳 | 4.08 | 贵　阳 | 3.99 |
| 15 | 哈尔滨 | 4.05 | 青　岛 | 3.97 |

(续表)

| 排名 | 2019 年 | | 2017 年 | |
|---|---|---|---|---|
| 16 | 重　庆 | 4.05 | 乌鲁木齐 | 3.95 |
| 17 | 西　宁 | 4.04 | 石家庄 | 3.95 |
| 18 | 广　州 | 4.01 | 太　原 | 3.94 |
| 19 | 沈　阳 | 4.00 | 南　宁 | 3.92 |
| 20 | 银　川 | 3.97 | 北　京 | 3.90 |
| 21 | 海　口 | 3.96 | 广　州 | 3.90 |
| 22 | 兰　州 | 3.96 | 长　春 | 3.90 |
| 23 | 成　都 | 3.95 | 武　汉 | 3.88 |
| 24 | 长　沙 | 3.92 | 西　宁 | 3.88 |
| 25 | 大　连 | 3.92 | 深　圳 | 3.88 |
| 26 | 福　州 | 3.91 | 沈　阳 | 3.87 |
| 27 | 北　京 | 3.90 | 兰　州 | 3.87 |
| 28 | 昆　明 | 3.90 | 南　京 | 3.87 |
| 29 | 呼和浩特 | 3.89 | 呼和浩特 | 3.81 |
| 30 | 厦　门 | 3.87 | 郑　州 | 3.80 |
| 31 | 南　昌 | 3.85 | 银　川 | 3.79 |
| 32 | 南　宁 | 3.83 | 西　安 | 3.78 |
| 33 | 乌鲁木齐 | 3.81 | 厦　门 | 3.77 |
| 34 | 郑　州 | 3.78 | 杭　州 | 3.75 |
| 35 | 石家庄 | 3.68 | 南　昌 | 3.72 |

### (三) 汽车限号政策支持度排名

关于汽车限号政策支持度，被调查城市的居民普遍得分较高，平均值为 3.71，标准差为 1.09，具体的分布情况见图 4.25。其中，回答“非常支持”的占 23.23%，选择“支持”的占 45.01%，也就是有 68.23%的人支持政府的汽车限号政策。选择“非常不支持”以及“不太支持”的只占14.77%，这说明中国城市居民对于汽车限号政策的反对意愿并不是很强烈。

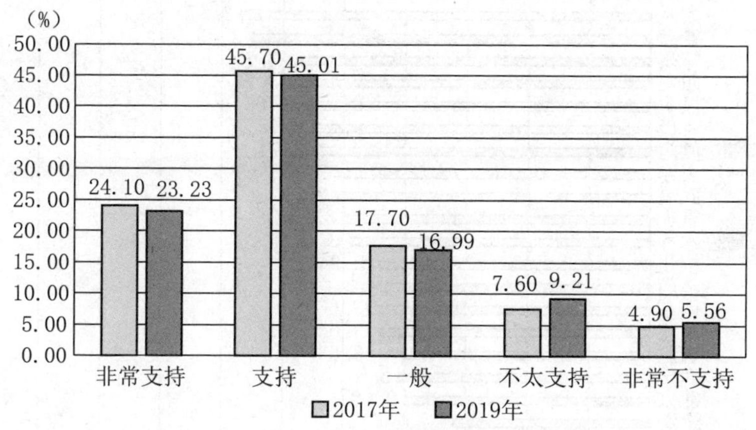


**图 4.25　汽车限号政策支持度得分分布**

根据各城市居民汽车限号政策支持度的得分对35个城市进行排名（见图4.26），对于汽车限号政策支持度最高的是贵阳，得分高达4.11分。紧随其后的分别是天津（4.09）、南昌（3.99）、成都（3.97）、长春（3.96）、呼和浩特（3.94）、兰州（3.94）、哈尔滨（3.88）、太原（3.87）以及青岛（3.85）。在排名前十位的城市中，天津、长春、哈尔滨、青岛4座城市属于东部地区，贵阳、成都、呼和浩特、兰州4座城市属于西部地区，只有南昌和太原属于中部地区。

对于汽车限号政策支持度最低的是南宁，得分仅为3.17分。排名后十位的城市还包括北京（3.60）、上海（3.52）、宁波（3.50）、银川（3.50）、长沙（3.50）、深圳（3.47）、沈阳（3.45）、广州（3.45）、石家庄（3.43）。在排名后十名的城市中，包括北上广深四大一线城市以及宁波、沈阳、石家庄7座城市都属于东部地区，只有南宁、银川、长沙3座城市属于中西部地区。

2019年1月16日高德地图联合中国社会科学院社会学研究所、

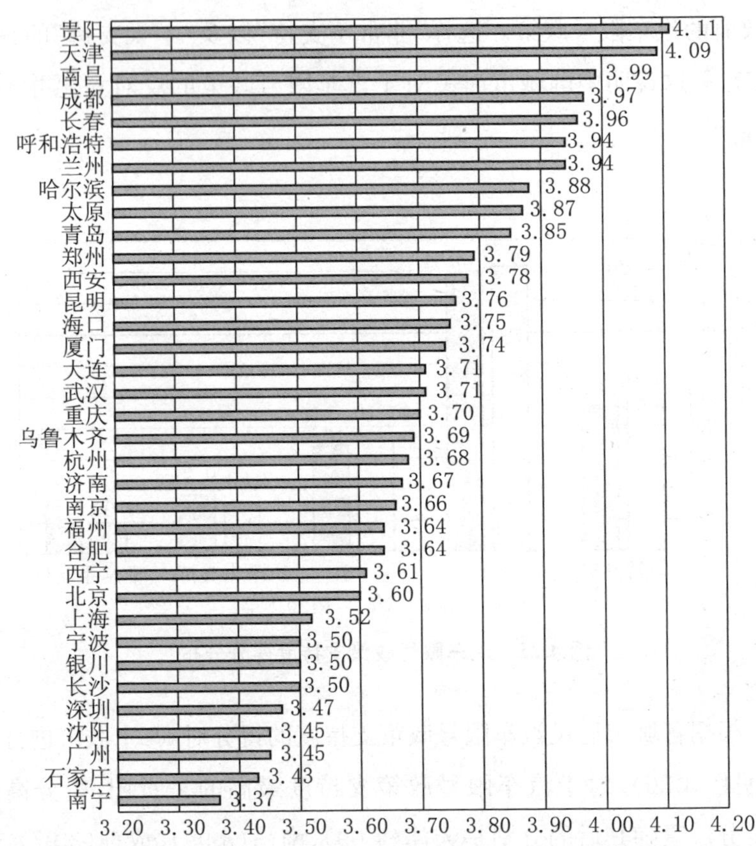


**图 4.26　2019 年城市居民汽车限号政策支持度排名**

未来交通与城市计算联合实验室、阿里云等单位共同发布《2018 年度中国主要城市交通分析报告》,首次采用“交通健康指数”对城市交通进行了立体化诊断,数据显示一线及省会等大型城市的“交通健康指数”相对较低,普遍处于“亚健康”状态。报告显示,在基于路网高峰行程延时指数排名的中国“堵城”排行榜中,北京高居榜首,而广州、哈尔滨、重庆、呼和浩特、贵阳、济南、上海、长春、合肥位列其后,成为中国排名前十的“堵城”。其中,贵阳、长春、呼和浩特 3 座城市居民对于汽车限号政策支持度的排名位于前十位,而北京、广州、上海 3 座城市居民对于汽车限号政策支持度的排名位于后十位。这表明城市居民对于汽车限号政策的支持度,只在一定程度上受客观意义上的城市交通拥堵程度因素的影响。

根据表4.12,我们将2019年与2017年汽车限号政策支持度城市排名进行对比。2017年汽车限号政策支持度的均值为3.76，2019年汽车限号政策支持度的均值为3.71,这意味着我国城市居民对于汽车限号政策支持度保持了相对稳定。此外,在2017年排名前十名的城市中,兰州、成都、贵阳、哈尔滨、天津5座城市在2019年度的调查中依然保留在前十名的位置,石家庄从2017年的前十名下降为2019年的后十名,出现了大幅度的名次下滑。在2017年排名后十名的城市中,只有北上广深4座一线城市依然在2019年排在后十名,呼和浩特以及太原从2017年的后十名提升为2019年的前十名,实现了相当大幅度的名次提升。

**表4.12　2019年与2017年度汽车限行政策支持度对比**

| 排名 | 2019年 | | 2017年 | |
|---|---|---|---|---|
| 1 | 贵　阳 | 4.11 | 兰　州 | 4.21 |
| 2 | 天　津 | 4.09 | 成　都 | 4.10 |
| 3 | 南　昌 | 3.99 | 昆　明 | 3.98 |
| 4 | 成　都 | 3.97 | 石家庄 | 3.95 |
| 5 | 长　春 | 3.96 | 贵　阳 | 3.94 |
| 6 | 呼和浩特 | 3.94 | 合　肥 | 3.91 |
| 7 | 兰　州 | 3.94 | 厦　门 | 3.89 |
| 8 | 哈尔滨 | 3.88 | 哈尔滨 | 3.89 |
| 9 | 太　原 | 3.87 | 济　南 | 3.86 |
| 10 | 青　岛 | 3.85 | 天　津 | 3.84 |
| 11 | 郑　州 | 3.79 | 重　庆 | 3.83 |
| 12 | 西　安 | 3.78 | 郑　州 | 3.82 |
| 13 | 昆　明 | 3.76 | 长　沙 | 3.78 |
| 14 | 海　口 | 3.75 | 南　昌 | 3.78 |
| 15 | 厦　门 | 3.74 | 南　京 | 3.78 |

（续表）

| 排名 | 2019 年 | | 2017 年 | |
|---|---|---|---|---|
| 16 | 大　连 | 3.71 | 南　宁 | 3.78 |
| 17 | 武　汉 | 3.71 | 大　连 | 3.76 |
| 18 | 重　庆 | 3.70 | 长　春 | 3.76 |
| 19 | 乌鲁木齐 | 3.69 | 杭　州 | 3.75 |
| 20 | 杭　州 | 3.68 | 宁　波 | 3.75 |
| 21 | 济　南 | 3.67 | 乌鲁木齐 | 3.75 |
| 22 | 南　京 | 3.66 | 沈　阳 | 3.73 |
| 23 | 福　州 | 3.64 | 福　州 | 3.70 |
| 24 | 合　肥 | 3.64 | 青　岛 | 3.70 |
| 25 | 西　宁 | 3.61 | 西　安 | 3.70 |
| 26 | 北　京 | 3.60 | 深　圳 | 3.68 |
| 27 | 上　海 | 3.52 | 武　汉 | 3.67 |
| 28 | 宁　波 | 3.50 | 广　州 | 3.66 |
| 29 | 银　川 | 3.50 | 上　海 | 3.62 |
| 30 | 长　沙 | 3.50 | 西　宁 | 3.59 |
| 31 | 深　圳 | 3.47 | 海　口 | 3.59 |
| 32 | 沈　阳 | 3.45 | 呼和浩特 | 3.58 |
| 33 | 广　州 | 3.45 | 北　京 | 3.56 |
| 34 | 石家庄 | 3.43 | 太　原 | 3.54 |
| 35 | 南　宁 | 3.37 | 银　川 | 3.44 |

## 二、城市居民环保公民意识影响因素分析

不同个体特征的民众在环保公民意识上的表现会有所不同，分析受调查居民个体特征因素对环保公民意识的影响，有助于政府部门更有针对性地对不同群体采取不同的宣传措施，有助于为改善环境治理提出更有针对性的意见和建议。

### （一）性别因素

比较性别因素对环保公民意识的影响，我们可以发现女性比男性在环保公民意识上更强，女性环保公民意识的平均值(4.08)要高于男性(3.70)。对该问题的 2019 年数据进行方差分析发现，性别与环保公民意识的相关系数为 0.180** (其中，男＝1，女＝2，双尾检验显著度：** P＜0.01)，性别与烟花禁燃政策支持度的相关系数为0.134**，性别与汽车限号政策支持度的相关系数为 0.126**，这表明性别因素对中国城市居民的环保公民意识具有显著影响。

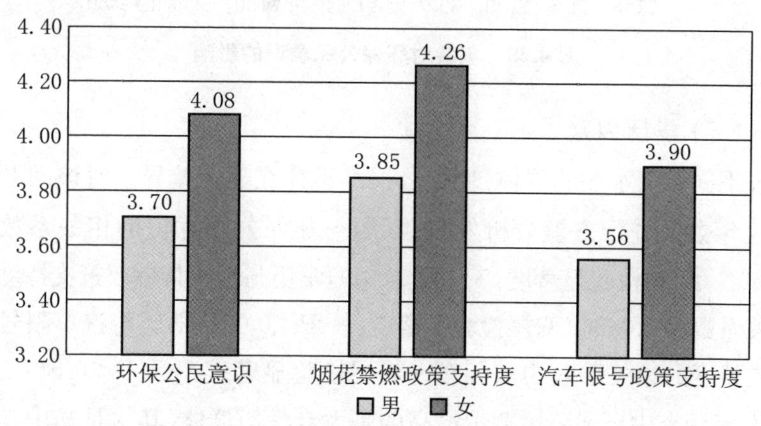


**图 4.27　性别对环保公民意识的影响**

### （二）年龄因素

考察年龄因素对环保公民意识的影响发现，受调查居民的年龄跟环保公民意识呈现正相关，即年龄越大、环保公民意识越强。年龄与环保公民意识的相关系数是 0.041* (双尾检验显著度：* P＜0.05)。年龄与烟花禁燃政策支持度的相关系数是 0.097** (双尾检验显著度：** P＜0.01)。年龄对汽车限号政策支持度并没有显著的影响，两者的相关系数是 0.009，整体趋势是随着年龄的增长，中国城市居民对于汽车限号政策的支持度却不断提高。其中，18—29 岁年龄段群体对于汽车限号政策表现出相当程度的支持，而支持度最低的是 30—39 岁年龄段群体。

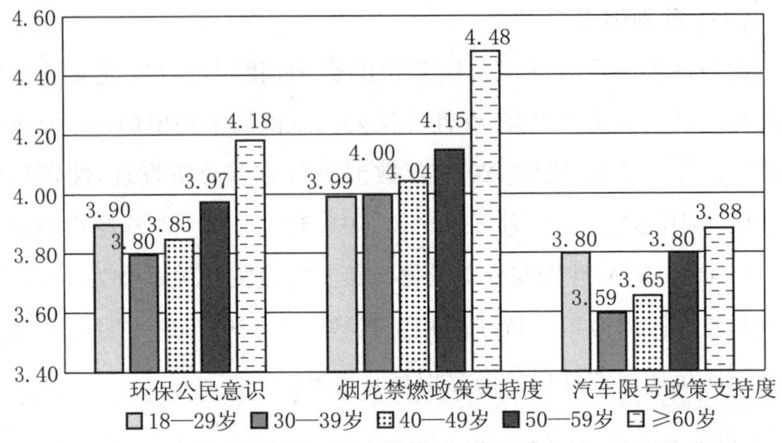


**图 4.28　年龄对环保公民意识的影响**

## (三) 学历因素

不同教育水平的群体,环保公民意识存在显著差异。对该问题的2019年数据进行方差分析发现,学历与环保公民意识的相关系数为0.060**(双尾检验显著度:** P<0.01),学历与烟花禁燃政策支持度的相关系数为0.042*(双尾检验显著度:* P<0.05),学历与汽车限号政策支持度的相关系数为0.057**(双尾检验显著度:** P<0.01)。在2019年调查中环保公民意识最高的是大专学历群体,其次是初中学历群体、高中中专学历群体,环保公民意识最低的是博士学历群体。

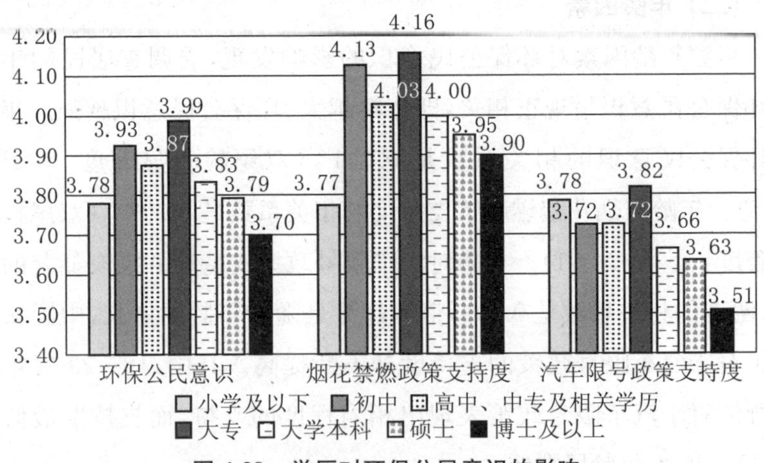


**图 4.29　学历对环保公民意识的影响**

**（四）收入因素**

观察收入因素对环保公民意识水平的影响，我们可以发现虽然收入对烟花禁燃政策支持度的影响并不显著，但是对汽车限号政策支持度以及环保公民意识的影响却比较显著。收入与汽车限号政策支持度的相关系数为0.042*（双尾检验显著度：* $P<0.05$），收入与环保公民意识的相关系数为0.045**（双尾检验显著度：** $P<0.01$）。

从整体趋势来看，除了中等收入群体属于例外，环保公民意识和汽车限号政策支持度基本上是随着收入的增加而增长。然而，烟花禁燃政策支持度与收入的关联度并不是很强，从收入低下群体到中等收入群体，随着收入的增加，烟花禁燃政策支持度逐渐增强。但是，从中等收入群体到高收入群体，烟花禁燃政策支持度却出现了一定程度的下滑。

相对于其他收入群体，中等收入群体的环保公民意识最强，在烟花禁燃政策支持度方面的得分最高，汽车限号政策支持度也仅次于高收入群体。

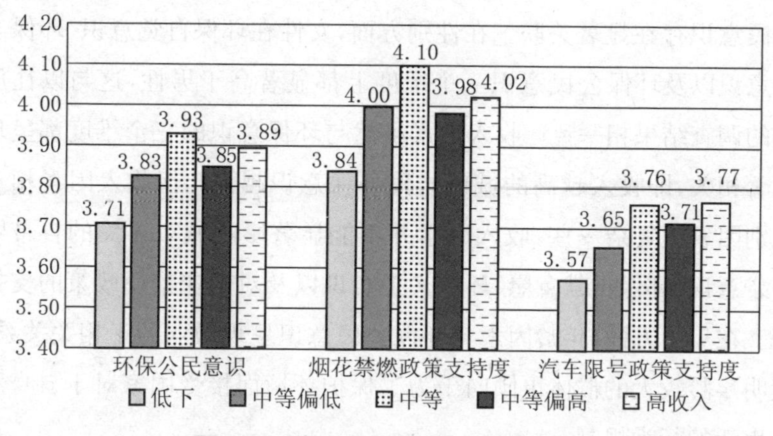


**图4.30　收入对环保公民意识的影响**

## 第四节　小　结

综合来看，我国城市居民的环保自觉意识、环保志愿意识和环保公民意识普遍比较强,不同城市之间的差异比较大。和以往历次的调查结果相似,本轮调查结果从总体上看同样呈现出了明显的地域分布特征。东部城市如天津,在三项环保意识测评中都位列前茅,在环保自觉意识方面的得分大多高于平均值,这表明东部经济发达地区的城市居民更加能够意识到环境问题的紧迫性。

然而,同一区域内部的城市之间存在较大的差异。相比于天津等东部城市在各个维度上都位列前茅,东部城市如福州,在环保意识的三个维度上都表现不佳,北上广深等一线城市在环保自觉意识方面的排名位列前茅,在环保志愿意识和环保公民意识方面的排名较低。中西部城市如成都、贵阳在环保意识测评中名列前茅,而银川、南宁等西部城市的表现却非常不佳。这与我们对于东部城市环保意识水平高于中西部城市的日常印象相背离,需要进一步加以解释。

受调查居民的性别因素、收入因素与环保意识显著相关,年龄因素只与环保公民意识存在显著关联,学历因素与环保自觉意识、环保公民意识存在显著关联。在性别方面,女性在环保自觉意识、环保志愿意识以及环保公民意识三个维度上都显著高于男性,这与以往历次的调查结果相一致。收入因素虽然与环保意识的三个维度都呈现显著相关,即收入越高的城市居民环保意识越强。但收入因素相对性别因素更复杂一些,收入因素并不能显著影响城市居民的自带购物袋意识、环保贡献意愿、环保义工意识以及对烟花禁燃政策的支持度。在年龄方面,年龄因素与环保公民意识呈现微弱的正相关关系,表明年龄较大的群体更倾向于为了保护环境而接受国家对于自身私人生活的行为规制。

虽然通常收入越高的群体也是学历越高的群体,但学历因素与环保意识之间的关系却呈现出不同的特点。学历因素与环保志愿意识之间并不存在显著的相关关系。此外,学历因素与环保自觉意识呈现显著的正相关关系,即学历越高的城市居民环保自觉意识更强。

但是,学历因素与环保公民意识却呈现显著的负相关关系,即学历越高的城市居民越不倾向于支持烟花禁燃政策和汽车限号政策,这与2017年的调查结果并不一致,表明学历因素与环保公民意识之间的复杂关联会随着时间的推移而发生变化,需要进一步深入探寻其中的影响机制。

# 第五章　垃圾分类与邻避情结

近年来，国内不断加速的城市化进程、持续扩大的城市规模，以及飞速增长的城市人口在为城市带来繁荣的同时，也使城市的生态环境面临着与日俱增的压力。而“垃圾围城”则是各种城市环境问题中的典型：统计数据表明，国内每日人均产生垃圾数量正以 8%—10% 的速度增长，大量城市人口的生产与生活产生了远超既有处理设施承载力的垃圾数量，而且随着时间推移，垃圾的种类也在不断增加，并显著提升了垃圾末端处理的工作量和工作难度。若以上趋势持续下去，全国主要城市年均垃圾产量将于 2030 年达到 4.09 亿吨。届时，三分之二的国内城市将面临“垃圾围城”的问题。如何应对城市垃圾带来的环境问题和由此引发的各种社会问题，将是未来我国各主要城市面临的重大城市治理问题之一。

通常而言，现阶段垃圾处理工作不外乎从“源头减量分流”和“增强处理能力”两方面入手。其中，“增强处理能力”即通过各种方式提升城市的垃圾末端处理能力。在现阶段，垃圾的末端处理方式主要包括焚烧和填埋两种。由于当前各城市周边的垃圾填埋场大多已经处于超负荷状态，且在城市空间资源日益紧张以及周边居民环保意识与抵制情绪不断高涨的情况下，兴建新的垃圾填埋场的社会成本也居高不下，故大多数城市管理者将其视为下策。垃圾焚烧则是当前城市处理各种无法回收的固体废弃物的主要方式。然而，由于监管缺失或囿于技术条件，当前国内垃圾焚烧设施的污染排放达标率堪忧,同样引起了周边居民的普遍抵制。

在增强垃圾处理能力的主要方式普遍受阻的情况下,从垃圾产生的源头进行减量分流便势在必行。而垃圾分类作为城市垃圾前端处理的重要环节,其推广与落实也被迅速提上日程。实际上,早在2000年,国家曾在北京、上海、广州、深圳、杭州、南京、厦门和桂林8座城市开展垃圾分类试点工作。然而,由于种种原因,以上城市在长达14年的试点期间均未在垃圾分类方面取得显著进展。具体而言,阻碍垃圾分类推行的主要原因有分类标准不明确导致居民执行困难、收集环节的垃圾混装混运降低居民参与垃圾分类的积极性、后端垃圾处理能力与前端收集能力脱节致使无法有效处理分类后的垃圾等。而随着城市垃圾处理问题日益凸显,垃圾分类工作的性质也开始由此前的劝导、鼓励转变为强制。2019年7月,上海市正式实施垃圾强制分类。在未来一年内,全国46座城市也将逐步落实这一政策。

垃圾分类与城市垃圾处理问题不仅是目前城市治理中的热点问题,也反映了当今民众邻避情结的演变。所谓"邻避"(Not in My Backyard, NIMBY),泛指居民对其所在社区周边的化工企业、垃圾焚烧厂等存在负外部性或潜在风险的设施的排拒心理与抵制行为,其本质是现代风险在社会范围内分配不均引发的公共问题。随着垃圾焚烧设施在国内引发普遍抵制以及"垃圾围城"问题日益凸显,强制垃圾分类逐渐成为缓解城市垃圾处理问题的主要策略。但相关政策的推广落实面临分类标准不清晰、民众普遍存在抵触情绪与监督执行成本过高等一系列困难。以上现象表明,以大型设施及其产生的局地性负外部性为矛盾焦点的传统邻避问题正逐步转变为以负外部性社会化分担为矛盾焦点的新型邻避问题。有效应对此类问题的前提是充分了解民众(对垃圾分类的)感知与行为偏好。这正是本章的主要研究内容。

本章主要介绍当前公众的垃圾分类和对垃圾处理设施的邻避情

结。首先,第一节介绍当前国内城市居民对垃圾分类的基本态度,具体包括对垃圾分类政策的知晓度、垃圾分类参与意愿、对垃圾分类政策推行状况的评价,以及对垃圾分类政策效果的预期。第二节主要介绍市民对垃圾分类态度的地域差异,即未实施垃圾分类的地区与已实施垃圾分类的地区的居民在以上各方面态度的差别,并结合当前垃圾分类现状,对其原因给出一定解释。第三节则从性别、年龄、文化程度以及收入水平等社会人口统计特征出发,分别比较在以上维度下,调查对象在垃圾分类态度方面的差异。同时,简要分析这种差异的成因。

## 第一节　市民群体对垃圾分类政策的基本态度

民众对垃圾分类政策的基本态度,可大体上分为对垃圾分类政策的知晓度、垃圾分类参与意愿、对垃圾分类政策推行状况的评价,以及对垃圾分类政策效果的预期。本轮调查从以上维度出发,并结合现阶段强制垃圾分类政策涉及的若干因素,对具体问题进行扩充。首先,在垃圾分类政策知晓度方面,本轮调查的问题主要包括“您所在的城市是否已经开展垃圾分类的工作”和“您认为您所在的城市是否存在垃圾混装混运现象”。在垃圾分类意愿、垃圾分类政策评价和未来预期方面,本轮调查的问题分别是“您是否愿意将垃圾分类”“如果您所在的城市已经进行垃圾分类的工作,您认为效果如何”以及“您对我国垃圾分类工作的未来持何种态度”。最后,为探究民众对当前推行的强制垃圾分类政策与传统的垃圾焚烧政策的偏好,本轮调查加入了“假如在您家附近建一个垃圾焚烧厂,前提是垃圾科学分类后再进行焚烧。您会同意吗”以上问题的调查结果如下:

首先,在民众对垃圾分类政策的知晓度方面,如图5.1所示,认为自己所在城市“已经开始实施垃圾分类”占受调查居民的40.94%;认为自己所在的城市“尚未实施垃圾分类”的占受调查居民的55.16%，明显超过半数且高出前者14.16个百分点；另外，还有3.91%的受调查居民表示“不知道”或者“不清楚”自己所在城市的垃圾分类状况。整体而言，除极少数不了解或不关注垃圾分类政策的调查对象外，认为自己所在城市“尚未开始垃圾分类”的受调查居民的占比略高于认为自己所在城市“已经开始垃圾分类”的受调查居民。

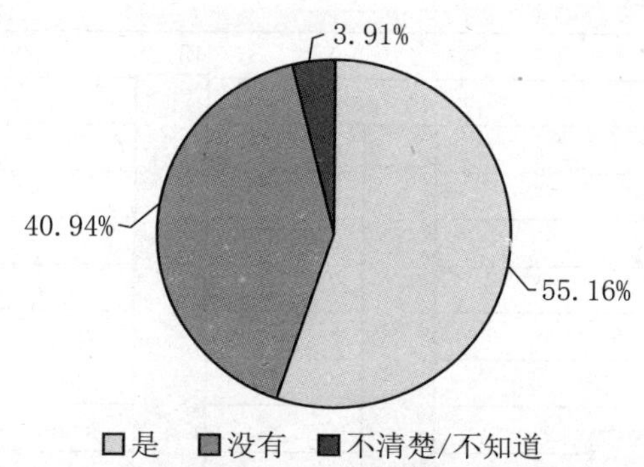


**图5.1　您所在的城市是否已经开始垃圾分类工作**

从统计结果看来，认为自己居住的城市“已经开始执行垃圾分类政策”的受访者在总体当中所占比重接近三分之二。但事实上，截至本次调查结束（2019年7月），全国真正实施垃圾分类的城市仅上海一地；而即使算上此前北京、广州、深圳、杭州、南京、厦门和桂林7座原试点城市（且桂林不在本轮调查范围内），实施垃圾分类的城市的实际调查样本数量仍然明显低于选择“已开始垃圾分类”的受调查居民数量。显然，国内民众对垃圾分类政策是否执行缺乏统一的概念，不过从调查数据看来，多数民众已经在政策宣传或前期推行下对垃圾分类有所知晓。

从此前垃圾分类试点的相关反馈看来，垃圾混装混运现象无疑是打击民众的垃圾分类积极性和阻碍垃圾分类正常运行的重要原因。由于城市垃圾处理中后端脱节，导致已被居民分好类的垃圾在收集环节中又被重新混到了一起。这种现象严重打击了居民参与垃圾分类的积极性,并使前端垃圾分类失去了实际意义。在强制垃圾分类政策推行过程中打击消除混装混运现象无疑是重要的一步。针对以上问题,本轮调查对北京、上海、广州、深圳、杭州、南京、厦门 7 座已实施强制垃圾分类或进行过垃圾分类试点的城市的居民进行了调查,具体结果如图 5.2 所示。

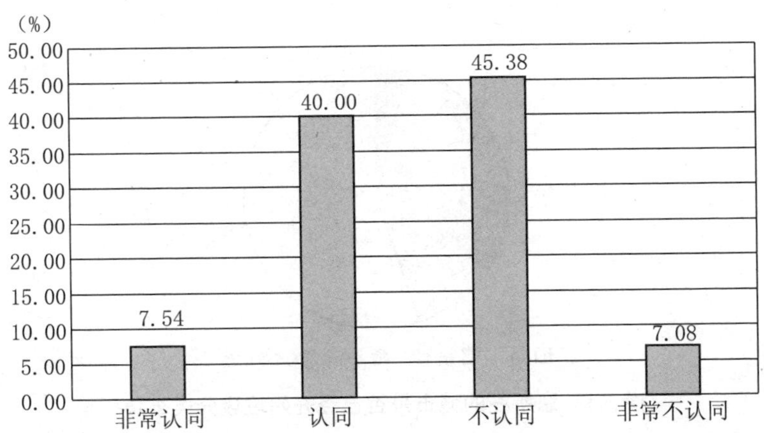


**图 5.2　您是否认同"您所在城市存在垃圾混装混运的现象"**

从统计结果看来,认为自己所居住的城市存在垃圾混装混运现象的被调查居民占比为 47.54%,而持相反观点的被调查居民占比则为 52.46%。超过半数的被调查居民认为自己所在的城市不存在垃圾混装混运现象。但同样需要指出的是,迄今为止,只有上海一地在实施强制垃圾分类后开始严打混装混运现象。而其他试点城市并没有严格禁止垃圾混装混运。但是从统计结果看来,被调查居民的反馈与实际情况有明显出入。究其原因,一方面可能是因为当前民众对垃圾分类仍然缺乏准确认知;另一方面也可能是出于地域和乡土认同,对该问题给出了带有积极情绪倾向的回答。

强制垃圾分类的推广和落实离不开广大民众的理解和支持。从日本、新加坡、德国等国的垃圾分类实践经验看来,在强制垃圾分类政策的推广与落实过程中，民众普遍经历了一个由抵触到接受再到适应的过程。而回顾国内此前垃圾分类试点的相关历程可知，在非强制的情况下，垃圾分类工作仅局限于少数民众自发的环保性行为，或一直处于传统的“废品回收”的低层次分类阶段。那么，以上现象是否说明当前国内民众的垃圾分类意愿不足，缺乏进行垃圾分类的主观能动性呢？针对这一问题，本轮调查不仅记录关于本年度的数据，还调取了往期调查的同类数据，具体统计结果如下：

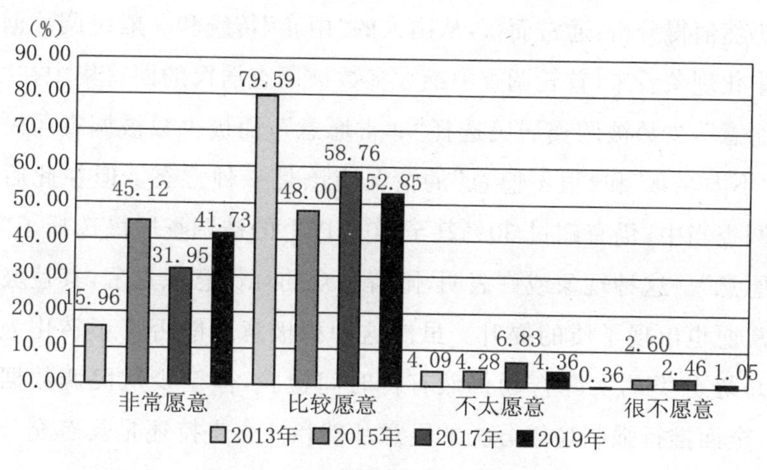


**图 5.3　您是否愿意进行垃圾分类**

统计结果显示，民众参与垃圾分类的意愿始终稳定地保持在高位(90%以上)水平：在 2013 年的初次调查中，“非常愿意”或“比较愿意”进行垃圾分类的被调查居民的总体占比为 95.55%；2015 年，该数值为 93.12%，但选择“非常愿意”的被调查居民比重提高了 29.16%；2017、2019 两期调查的对应数据分别为 90.71%和 94.58%。虽然被调查居民的垃圾分类意愿在整体上保持着较高水准，但具体看来仍然存在一定的波动。在 2013 年的第一轮调查中，选择“非常愿意”的被调查居民数量显著低于选择“比较愿意”的调查对象，其差值为 63 个百分点。而在此后的三轮调查中，选择“非常愿意”和“比较愿意”

的受访者数量开始趋于平衡。其平均年度差值为13个百分点,即使在差值最大的2017年,也仅有26个百分点,不足首次调查的一半。而相比之下,"不太愿意"或者"很不愿意"进行垃圾分类的被调查居民整体占比始终低于10%。

从上述填答情况看来,民众对"垃圾分类"基本持正面态度,这也是为何在所有的调查中,选择"非常愿意"或"比较愿意"参与垃圾分类的被调查居民占绝对多数的原因。不过,在高意愿群体内部,选择"非常愿意"和"比较愿意"参与垃圾分类的被调查居民占比的年度变化仍然值得分析:通常而言,从国人的"中庸"传统和一般民调数据的趋中化现象看来,首轮调查中绝大多数被调查居民的回答集中在"比较愿意",少数被调查居民选择"非常愿意",而极少数被调查居民选择"不太愿意"和"很不愿意"的情况应该是一种常态。但在此后数轮调查当中,仍有超过30%甚至40%以上的被调查居民选择了"非常愿意"。这种现象或许表明,随着民众的环保意识觉醒,其垃圾分类意愿也出现了质的提升。虽然这种积极意愿能否真正转化为参与垃圾分类的实际行动仍然有待时间检验,但至少从民调数据看来,全面推行强制垃圾分类的民意基础和社会支持还是具有充分保障的。

承上所述,早在2000年,北京、上海、广州、深圳、杭州、南京、厦门以及桂林8座城市便已开展了垃圾分类试点。但在长达十余年的试点过程中,由于缺乏充分的社会动员和必要的强制力,其结果也显得不尽如人意:多数试点城市的垃圾分类试点仅止步于以公共事业收费的形式向居民征收"垃圾处理费"(通常随污水处理费一起征收)或象征性地设立分类垃圾桶,且在收集过程中仍然存在严重的混装混运现象。但无论如何,垃圾分类试点毕竟是城市垃圾问题治理中从无到有的一次尝试。那么,以上试点城市的居民对其居住城市的垃圾分类效果评价如何呢?本轮调查为此设置了相应题项。具体结果如下:

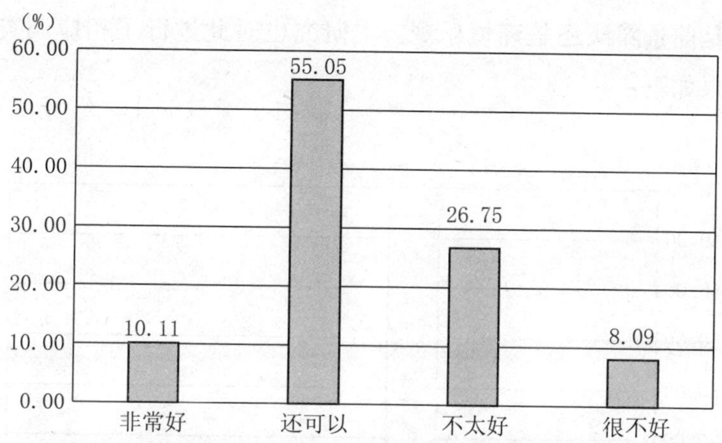


**图 5.4　若您所在城市已开始实施垃圾分类，您认为效果如何**

由图 5.4 的统计结果可知，在已推行强制垃圾分类和曾进行过垃圾分类试点的城市中，认为垃圾分类效果相对理想（“非常好”/“还可以”）的被调查居民占比为 65.16%，超过半数；而认为垃圾分类效果不理想（“不太好”/“很不好”）的被调查居民占比则为 34.84%，约三分之一。整体而言，在进行过垃圾分类试点的城市，其居民对垃圾分类效果的评价还是以正面评价为主的。不过，需要注意的是，试点城市不仅包括北上广深等发达城市，其余城市也有不少省会或经济强市。其城市环卫水平本就高于国内平均水平，而上海近期实施的强制垃圾分类更是拉高了这一水平线。所以，以上结果虽然乐观，但也需要审慎解读。

民众对垃圾分类政策的未来预期显然也是强制垃圾分类能否得以为继的关键。承上所述，相对于禁燃禁放、减排限号等强制性环保政策，缺乏强制力的政策的实际执行成果往往不尽如人意。事实表明，在缺乏强制力的情况下，垃圾分类试点往往会流于形式。即使有少数热心居民自发进行垃圾分类，也会由于混装混运等一系列问题最终放弃。而强制垃圾分类是否又会因为类似原因步入 2000 年试点的后尘，最后无疾而终；或者是像限塑令一样沦为形式大于实质的“样本政策”？民众对强制垃圾分类政策又怀有何种预期？是前景黯淡还是谨慎乐观？本研究也对此进行了相应调查，具体结果如下：

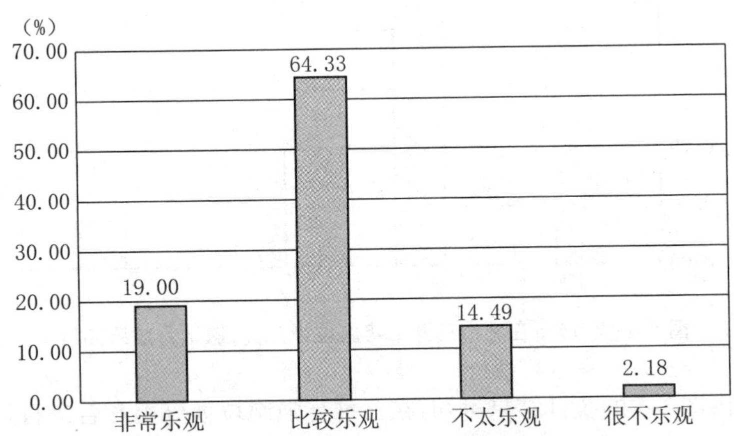


**图 5.5　您对我国今后垃圾分类效果持何种态度**

图 5.5 中的数据显示，绝大多数受调查居民对未来强制垃圾分类的效果持乐观态度：其中，对未来垃圾分类的效果“非常乐观”或“比较乐观”的被调查居民占 83.33%，而持悲观态度的受调查居民仅占总体的 16.67%。这一调查结果表明，在全国主要城市即将全面推行强制垃圾分类前夕，大多数被调查居民对垃圾分类政策的前景持乐观态度。不过从上海的实际推行情况来看，虽然大量资源投入的确可以(至少是暂时性地)将垃圾分类政策落到实处，但是长期看来，挑战依旧严峻。以此类推，当前居民对垃圾分类政策的积极预期能否保持到强制垃圾分类全面实施后，还有待时间检验。

## 第二节　城市居民垃圾分类态度的地域差异

由于不同地区、不同城市在经济发展水平、社会环境和居民生活习惯方面千差万别，故居民的垃圾分类态度自然也不尽相同。随着强制垃圾分类政策的推行，居民在垃圾分类态度方面的差异显然会影响政策的推行效果。所以提前了解市民垃圾分类态度的地域差异，显然有助于在垃圾分类政策推行中做到有的放矢。有鉴于此，本轮调查一方面对所有调查城市的居民垃圾分类态度进行了整体排名，另一方面则对曾开展过垃圾分类试点的城市与未曾开展垃圾分类试点的城市的居民垃圾分类态度进行了对比分析，以资读者参考。

首先，在调查城市垃圾分类态度排名方面，作为对上一阶段的总结，本轮排名先对已经进行过垃圾分类试点的城市居民对当地垃圾分类评价进行排名；随后，考虑到各城市在垃圾分类实况方面的差异，本次研究选取居民垃圾分类意愿和对垃圾分类政策的未来预期两项适用于所有城市的指标作为比较垃圾分类态度地域差异的参照。在垃圾分类现状评价方面，已进行过垃圾分类试点或已采取强制垃圾分类的7座城市的情况具体如下：

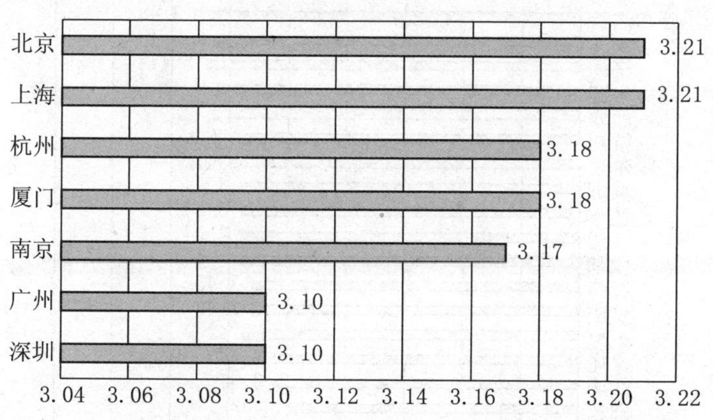


**图 5.6　垃圾分类试点城市居民对当地垃圾分类工作的评价排名**

图5.6中的数据显示，在曾经进行过垃圾分类试点的城市和已开始实施强制垃圾分类的城市（上海）中，北京和上海居民对当地垃圾分类效果的评价最高，其平均分达到了3.21分（5分制）；杭州、厦门和南京的平均分差距不大，在3.18分左右；而广州和深圳的评分则明显低于其他城市，为3.10分。虽然以上城市在垃圾分类评价的得分

存在一定梯度,但就绝对值而言,其极差仅有 0.11 分,差别并不非常显著。特别是上海作为全国首座实施强制垃圾分类的城市,其得分虽然名列前茅,但并未与末位拉开明显差距。这表明当前以上城市的垃圾分类状况大致相同。但随着强制垃圾分类的全面深化推行,以上情况想必会出现改观。

其次,在居民垃圾分类意愿方面,虽然不同城市居民的垃圾分类意愿在绝对得分方面的差距并不明显,但从横向比较中,仍能发现垃圾分类意愿的地域差异。所有调研城市的居民垃圾分类意愿结果具体如图 5.7 所示。

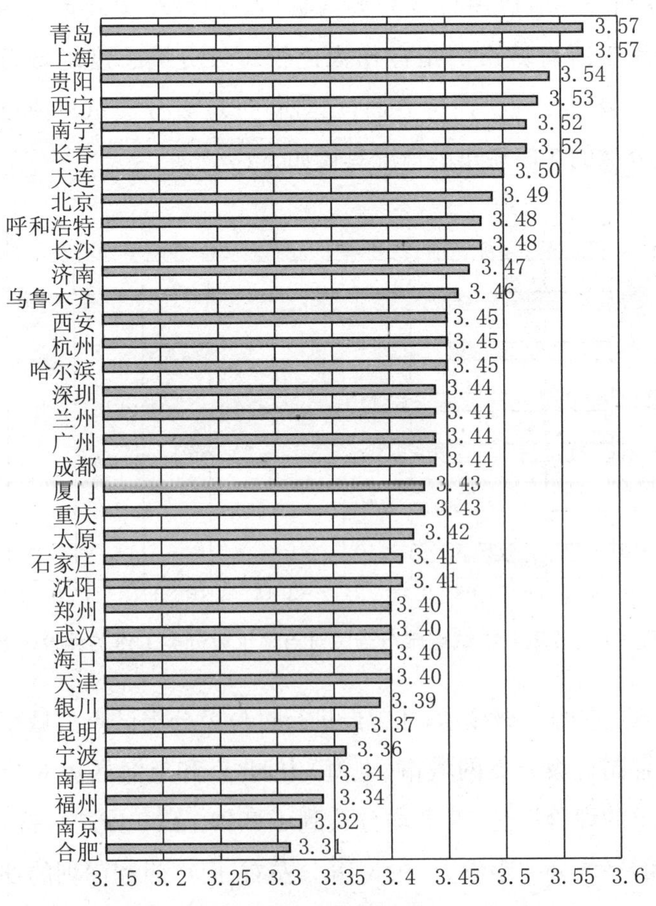


**图 5.7　各调研城市居民垃圾分类意愿排名**

图5.7中的调查结果显示，上海、青岛两地得分并列第1，为3.57分；而南京、合肥得分最低，分别为3.32分和3.31分。而全国平均得分则为3.44分。上海作为全国首座实施强制垃圾分类的城市，民众垃圾分类意愿居于全国首位也在意料之中；而青岛作为全国旅游城市，其居民在市容卫生方面的意识同样领先于其他城市。相比之下，北京、广州、深圳等垃圾分类试点城市的表现并不突出，处于中游、中下游甚至垫底水平(南京)。但即便如此，国内民众的垃圾分类意愿绝对差值最高也仅有0.28分。总的来说，居民垃圾分类意愿虽然存在地域差异，但这种差异并不能掩盖全国居民垃圾分类意愿整体向好的趋势。

最后，在对垃圾分类政策的未来预期方面，各调研城市间同样存在显著的地域差异。从统计结果来看，国内城市对垃圾分类政策未来预期可分为三个层次：郑州和沈阳等最为乐观，厦门、宁波等处于居中水平；而南京、成都等城市居民则认为垃圾分类政策的未来不容乐观。

从图5.8中的统计结果看来，居民垃圾分类意愿最高和最低的城市，在对垃圾分类政策未来预期方面也表现出一致性：上海、青岛的居民预期属于最为乐观的一部分，而南京市民对垃圾分类政策的未来则持审慎态度。但除此之外，民众的垃圾分类意愿和对垃圾分类政策的未来预期似乎并没有更多直接关联。这一现象或许意味着，除在城市垃圾治理方面的表现突出(最优/最劣)的城市外，大多数城市居民对垃圾分类的认识可能仅仅停留在相对抽象的“意愿”层面，其对垃圾分类政策的预期也与之无关，而是来自其他外在因素，例如当地政府在环境问题治理方面的表现等。

尽管第一批执行强制垃圾分类政策的城市要到2020年底才能基本落实该政策，但如前所述，垃圾分类政策的试行可以回溯至2000年甚至更早。尽管试点工作的效果较为有限，但或多或少地培养了民众进行垃圾分类的意识。那么，在以上情况下，试点城市居民的垃圾分类意识是否会与非试点城市的居民存在差异？针对以上问题，本轮调查对以上两类城市的居民垃圾分类态度进行了对比。(见图5.9)

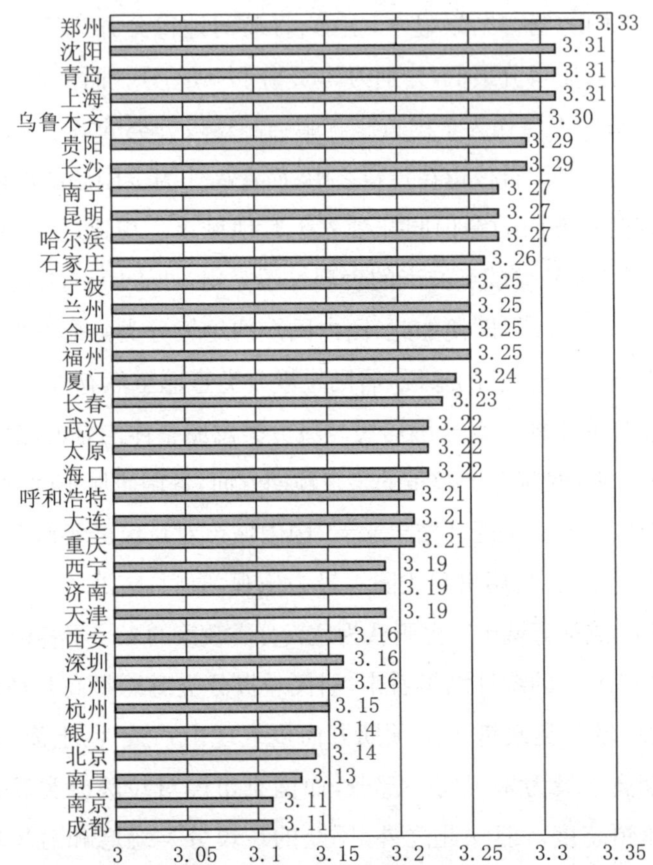


**图 5.8　各调研城市居民对垃圾分类政策的未来预期排名**

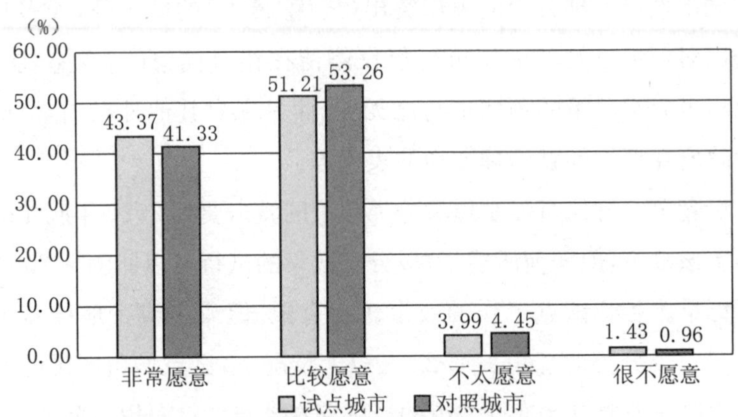


**图 5.9　试点城市与对照城市垃圾分类意愿差异**

从垃圾分类意愿看来，试点城市与对照城市相比并没有明显的差异。在试点城市和对照城市中，分别有94.58%和94.59%的民众表示“非常愿意”或“比较愿意”进行垃圾分类。同样，试点城市与对照城市在“不太愿意”或“很不愿意”的受调查居民所占百分比方面的差异也微乎其微。以上结果表明，不论试点城市还是对照城市，民众对垃圾分类普遍持有积极态度。这无疑有利于垃圾分类政策的推行。

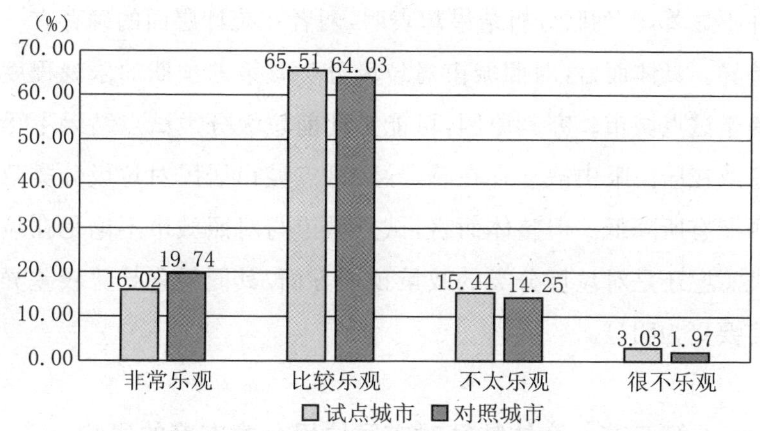


**图 5.10　试点城市与对照城市垃圾分类政策效果预期**

统计结果表明，整体而言，试点城市与对照城市的受调查居民对垃圾分类政策未来的效果普遍持乐观态度，且试点城市与对照城市在乐观程度方面也不存在明显差异。经统计，81.52%的试点城市受调查居民对垃圾分类的未来预期表示“乐观”或“非常乐观”，而在对照城市，这一数值是83.78%。总之，试点城市与对照城市的居民对垃圾分类的未来普遍表示乐观，并没有像垃圾分类意愿那样表现出差异性。

为进一步探究垃圾分类试点是否对居民垃圾分类意愿存在统计意义上的影响，本研究还对各项测量指标进行了列联分析，具体结果如表5.1所示。

**表 5.1 试点城市与对照城市居民的垃圾分类态度列联分析**

| | 卡方(Chi-square) | 显著性(Sig.) |
|---|---|---|
| 垃圾分类意愿 | 2.424 | 0.489 |
| 垃圾分类政策预期 | 7.616 | 0.055 |

表 5.1 中的数据显示,试点城市与对照城市在垃圾分类意愿方面的确没有显著差别。但在对垃圾分类政策预期方面,虽然从直观结果看来,试点城市与对照城市居民在对垃圾分类政策预期方面的差异并不显著,但列联分析结果却表明,两者在统计层面的确存在一定的差异。具体而言,对照城市对垃圾分类政策的预期的乐观程度要略高于试点城市。究其原因,可能是此前垃圾分类试点结果不尽如人意或在居民眼中缺乏存在感,导致试点城市居民对垃圾分类政策的预期有所降低。但整体而言,试点城市与对照城市不论是在垃圾分类意愿还是对垃圾分类的政策预期方面,其同质化趋势较差异性而言要更为明显。

## 第三节 个体特征对市民垃圾分类态度的影响

除了城市环境、政策宣传等外在因素,市民的垃圾分类态度也在相当程度上受到性别、年龄、文化程度和收入水平等社会人口统计特征的影响。不同性别、不同年龄、不同学历和收入水平的受调查居民在不同维度的垃圾分类态度方面可能存在显著差异。那么,此类因素会对市民群体的垃圾分类态度造成怎样的具体影响?而不同社会群体之间的垃圾分类态度又存在何种差异?这些影响又会对民众的垃圾分类行为产生哪些作用?针对以上问题,本研究分别围绕调查对象的性别、年龄、学历以及收入水平对民众垃圾分类态度的影响进行分析,具体结果见图 5.11。

由上可知,在曾开展过垃圾分类试点的城市中,两性在垃圾分类

政策知晓度（见图 5.11）以及垃圾混装混运现象（见图 5.12）的感知度

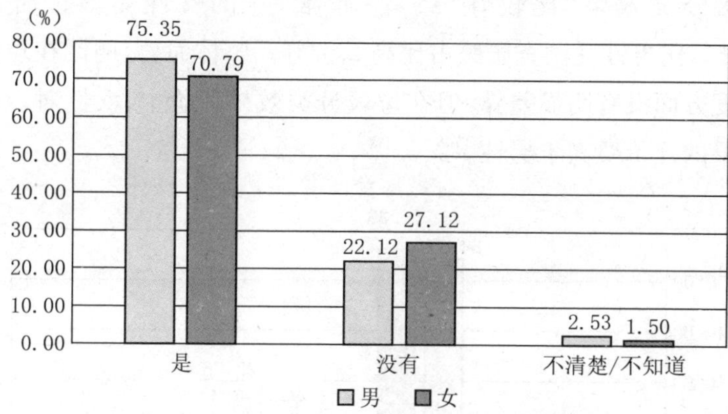


**图 5.11　垃圾分类政策知晓度的性别差异**

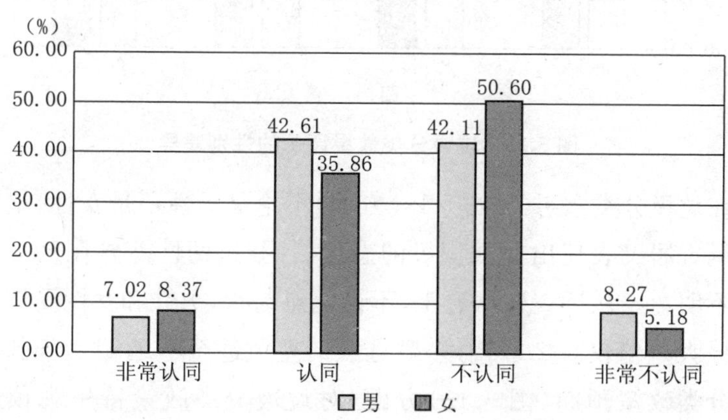


**图 5.12　垃圾混装混运现象感知的性别差异**

方面差异不很明显：认为垃圾分类“已开始”的男性受调查居民略多于女性，但具体差值仅为 4.56%。而在认为垃圾分类“尚未开始”的受调查居民中，女性的数量要略高于男性，但两者占比之差也仅有 5.00%。认为存在垃圾混装混运现象的男性受调查居民略多于女性，具体差值为 5.4%。这一结果并不能有效证明性别对以上指标存在明显影响。该现象仍有些许反常之处：通常而言，由于女性往往从事更多家务劳动，对垃圾是否需要进行分类应该比男性更为敏感。然而调查结果却显示出截然不同的情况。这一现象值得进一步分析。

在垃圾分类效果评价(见图 5.13)方面,女性的评价要略高于男性:认为垃圾分类效果“比较好”或者“非常好”的女性受调查居民占 66.94%,比男性受调查居民占比高 2.87%。整体而言,两性在垃圾分类态度方面没有明显差异,但在垃圾分类效果评价上,女性对垃圾分类效果的评价要高于男性。

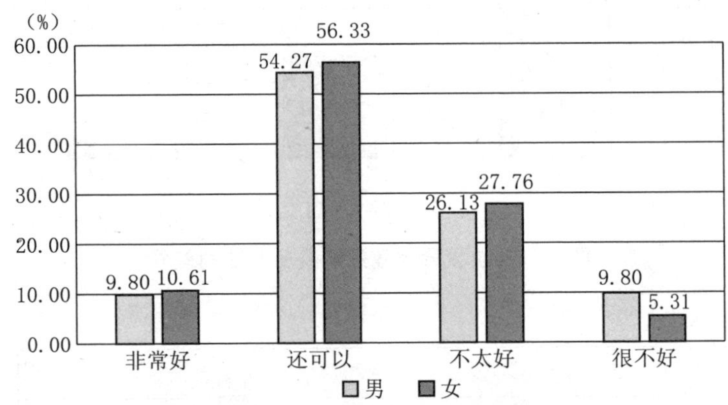


**图 5.13　垃圾分类效果评价的性别差异**

在垃圾分类意愿(见图 5.14)方面,不论是男性还是女性,绝大多数受调查居民表现出非常积极的态度。同时,两性差异在这一维度上并不明显。从调查数据看来,不论愿意与否,男性和女性受调查居民的最大差值仅有 2.72%,多数选项的差值甚至不足 1%。同时,在垃圾分类政策预期(图 5.15)方面,对垃圾分类政策持乐观预期的

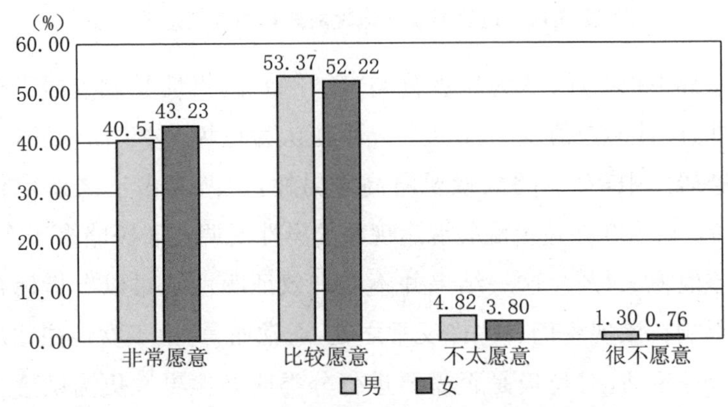


**图 5.14　垃圾分类意愿的性别差异**

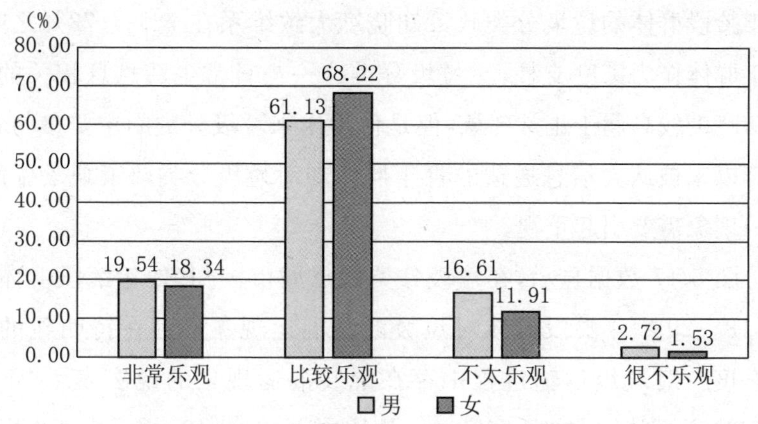


**图 5.15　垃圾分类政策未来预期的性别差异**

女性受调查居民同样略多于男性：认为垃圾分类政策的未来“非常乐观”或者“比较乐观”的女性被调查居民占 86.56%，高出男性 5.89 个百分点。总之，以上结果表明，两性的垃圾分类意愿几乎不存在明显差异，且女性对垃圾分类政策预期的乐观程度略高于男性。

图 5.16 的统计结果显示，在进行过垃圾分类试点的城市中，40—49 岁年龄段群体对当地垃圾分类政策知晓度最高，为 88.06%；而 18—29 岁年龄段群体对当地的垃圾分类政策知晓度最低，仅有 69.95%的受调查居民认为当地“已开展过垃圾分类”。相比之下，其

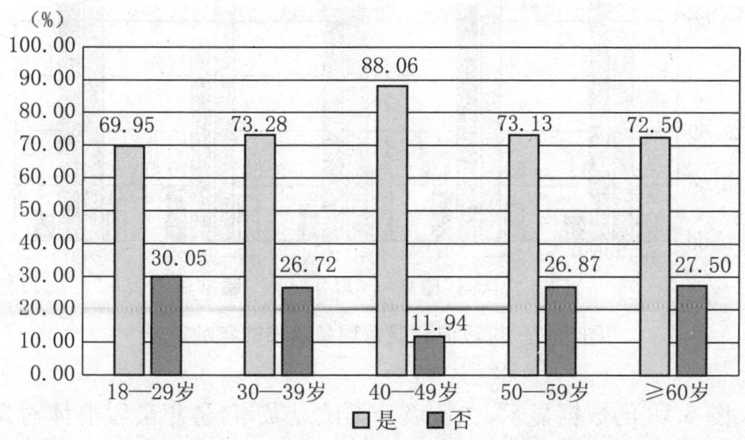


**图 5.16　垃圾分类政策知晓度的年龄差异**

他年龄段群体的垃圾分类政策知晓度大致维系在72%—73%之间。中年群体作为家庭支柱，对垃圾分类这一与日常生活息息相关的政策知晓度较高属于正常现象，但是作为未来垃圾分类的主要参与者，一直以来被认为信息通达的青年群体却对垃圾分类政策缺乏了解，这一现象需要引起重视。

图5.17数据显示，在垃圾分类试点城市，与其他年龄段群体相比，18—29岁年龄段群体对垃圾混装混运现象的存在持明显的否定态度。对垃圾运输过程中存在混装混运现象的说法表示“不认同”和“很不认同”的占60.11%；相比之下，40—49岁、50—59岁年龄段群体更多认为所在城市存在垃圾混装混运现象，分别占54.09%和53.33%。而从事实看来，在7座城市中，目前真正禁止混装混运的城市仅上海一地。所以，民众对垃圾混装混运现象的感知显然与事实不符。但即便如此，中年群体对垃圾分类状况的感知准确度仍明显好于青年群体。故有必要对青年群体采取针对性的政策宣传。

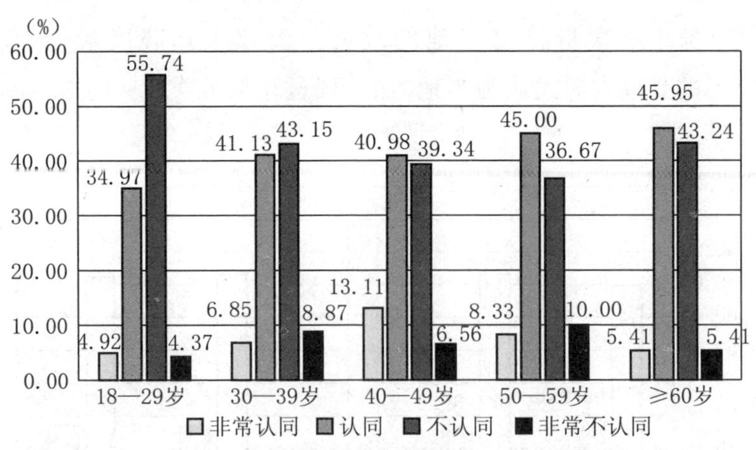


**图5.17 垃圾混装混运现象感知的年龄差异**

图5.18的数据显示，在垃圾分类试点城市，各年龄段群体对垃圾分类效果普遍持正面评价。其中，60岁以上年龄段群体的整体评价

最高:72.97%的老年居民认为当地垃圾分类效果“比较好”或“非常好”;而30—39岁年龄段群体的整体评价最低,仅有60.41%认为当地垃圾分类评价处于可接受(“比较好”或“非常好”)范围内。相比之下,对垃圾分类现状感知最准确的中年群体和对垃圾分类状况疏于了解的青年群体在当地垃圾分类效果评价方面的差异却不甚显著。中年群体的整体评价要略高于青年群体。不过,各群体之间的绝对差异并不显著,同类选项间的极差最大也仅有22.2%。

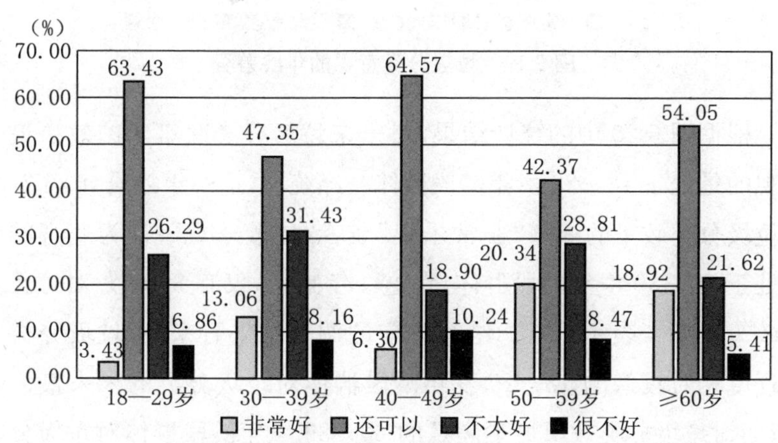


**图 5.18　垃圾分类效果评价的年龄差异**

图5.19中的统计结果表明,在各年龄段的群体中,50—59岁年龄段群体的垃圾分类意愿最高,表示“愿意”或“非常愿意”进行垃圾分类的在同年龄段内占95.71%;垃圾分类意愿最低的则是18—29岁年龄段群体,仅有93.83%“愿意”或者“非常愿意”参与垃圾分类。不过,各年龄段群体在垃圾分类意愿的绝对差值并不显著。垃圾分意愿最高的中老年群体和垃圾分类意愿最低的青年群体的差值也仅有2.33个百分点。总而言之,不同年龄段群体在垃圾分类态度方面的差异并不影响当前城市居民垃圾分类意愿处于高位水平的整体现状。

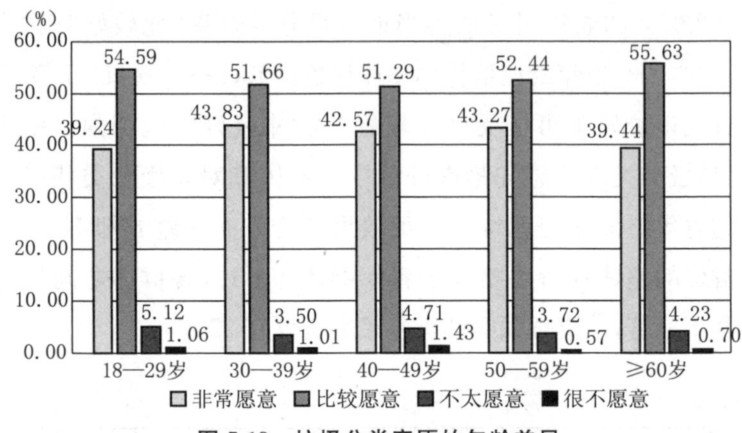


图 5.19　垃圾分类意愿的年龄差异

根据图 5.20 中的统计结果,对未来垃圾分类政策实施效果最为乐观的是处于 18—29 岁年龄段群体。经统计,这一年龄段有 86.22%对垃圾分类政策的未来"非常乐观"或者"比较乐观";最为悲观的则是处于 30—39 岁年龄段群体,在这一年龄段,仅有 81.09%对垃圾分类政策的未来表示乐观。结合此前的调查结果看来,对垃圾分类了解程度相对较低的 18—29 岁年龄段群体对垃圾分类的未来最为乐观;而对垃圾分类效果最不满意的 30—39 岁年龄段群体对垃圾分类的政策预期也最为悲观。但是总体来说,各年龄段群体对垃圾分类政策的未来整体上还是以积极态度为主。

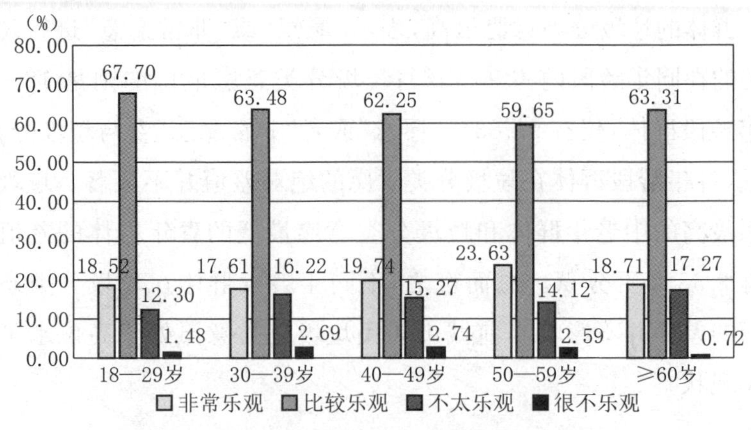


图 5.20　垃圾分类政策预期的年龄差异

图5.21数据显示，在进行过垃圾分类试点的城市中，初中学历群体对垃圾分类政策的知晓度最高：86.67%认为自己所在的城市已进行过垃圾分类。其他学历层次的群体的垃圾分类政策知晓度平均水平约为75%。而特别需要指出的是，在博士学历的调查对象中，认为当地“已开始”和“未开始”垃圾分类的各占一半。这一结果可能是因为受调查居民对作为试点的“垃圾分类”和即将全面展开的“强制垃圾分类”的概念存在分歧。但总体来说，在各个学历层次，大多数受调查居民都意识到自己所在的城市采取了不同形式的垃圾分类措施。

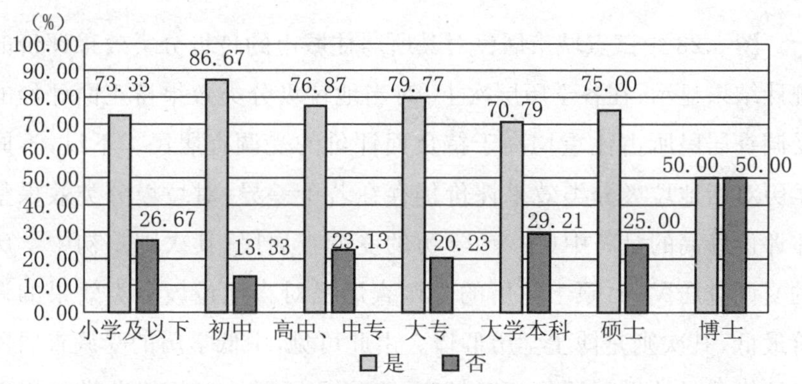


**图5.21　垃圾分类政策知晓度的学历差异**

在垃圾分类试点城市中的垃圾混装混运现象感知方面，认为所在城市存在严重垃圾混装混运现象的受调查居民以硕士学历为主。在这一学历层次，56.41%的受调查居民对当地存在垃圾混装混运现象的说法表示“认同”或者“非常认同”；相比之下，58.33%的小学及以下学历的受调查居民则对这一说法持“不认同”或“非常不认同”态度。由此可见，不同学历对垃圾混装混运感知的确存在较为明显的差异。但即便如此，在大多数试点城市并未采取措施杜绝混装混运的情况下，认为该现象不存在的受调查居民在各学历层次都超过了认为该现象存在的受调查居民，这种情况或许需要深入探究。

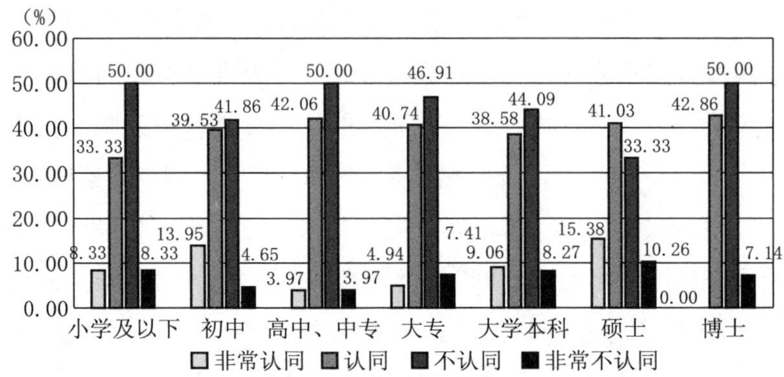


**图 5.22　垃圾混装混运现象感知的学历差异**

图 5.23 中试点城市居民对其所居住城市的垃圾分类效果评价的统计结果显示,在各学历层次上,对当地垃圾分类效果持正面评价的受调查居民所占比重均高于持负面评价的受调查居民。不过,不同学历对当地垃圾分类效果评价仍存在若干差异:对垃圾分类效果整体评价最高的是高中(中专)学历的受调查居民;其次则是初中学历的受调查居民;而硕士学历的受调查居民对当地垃圾分类效果的评价最低,其次则是博士学历群体。由此可见,中低学历的受调查居民对垃圾分类效果的评价相对较高,而高学历群体对垃圾分类效果则普遍持低评价。需要指出的是,以上结果不能解释为学历上升则垃圾分类评价下降的线性关系。

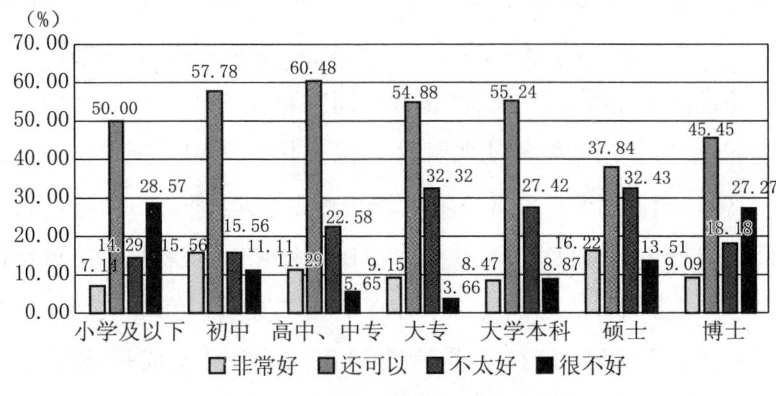


**图 5.23　垃圾分类效果评价的学历差异**

图5.24的统计结果显示,学历因素对受调查居民垃圾分类意愿的影响同样缺乏显著性。不同学历的受调查居民中,"非常愿意"或"比较愿意"参与垃圾分类者的占比普遍超过90%,仅有极少数受调查居民不愿参与垃圾分类。其中,整体垃圾分类意愿最高的受调查居民主要以高中(中专)学历为主。在该层次,95.06%的受访者"愿意"或"非常愿意"参与垃圾分类;硕士学历的受调查居民整体垃圾分类意愿最低,表现出垃圾分类参与意愿的受调查居民占92.95%。不过,考虑到当前民众整体垃圾分类意愿差距不大,这种内部差距很可能是调查中的随机误差导致的。

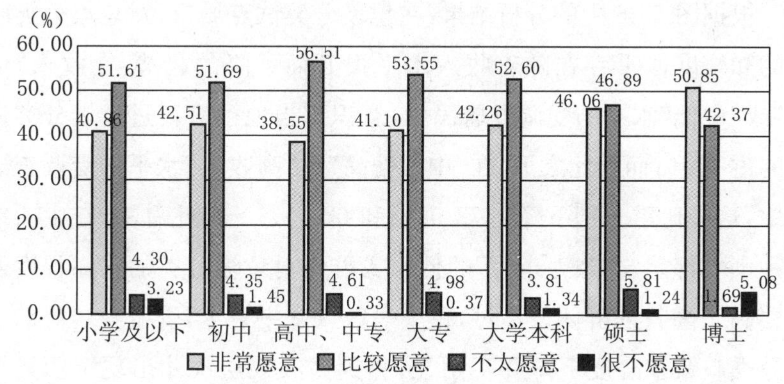


**图5.24　垃圾分类意愿的学历差异**

在对垃圾分类政策的未来预期方面,图5.25的调查结果显示,整体而言,不同学历层次的受调查居民对垃圾分类政策的未来预期普遍持乐观态度:即使乐观程度最低的小学及以下学历层次中,也有75.28%的认为垃圾分类的未来"非常乐观"或者"比较乐观"。同时,对图中数据的变化趋势进行观察可知,受调查居民对垃圾分类政策未来的乐观程度先是随着学历水平提升而不断上升,在本科区间达到顶峰,随后出现下降趋势。这一现象表明,受访者对垃圾分类政策未来效果的预期同其学历水平可能存在一定关联,针对不同学历层次的受调查居民的预期水平,可以采取针对性的政策推行措施,以取得事半功倍的效果。

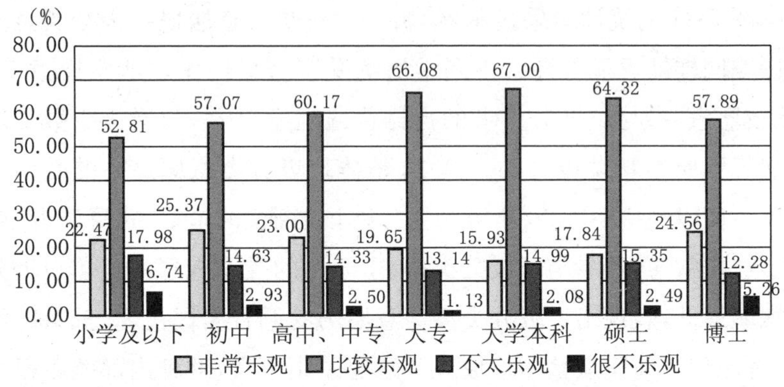


**图 5.25　垃圾分类政策预期的学历差异**

根据图 5.26 中的分析结果，在垃圾分类试点城市，对垃圾分类政策的知晓度似乎存在随着收入水平提升而下降的趋势：在收入“低下”或“中低”水平的受调查居民中，意识到当地已进行过垃圾分类试点的占 77%；而相比之下，在“中等偏高”和“高收入”水平的受调查居民中，这一比重分别下降到 73.02% 和 62.50%。由此看来，在生活中各种琐事都需要“亲力亲为”的低收入群体对垃圾分类的感知程度明显要高于高收入群体。不过，在中等收入水平以上，受调查居民的垃圾分类政策知晓度下降并不明显，直到高收入层次才出现了明显下降。这一现象或许值得探究。

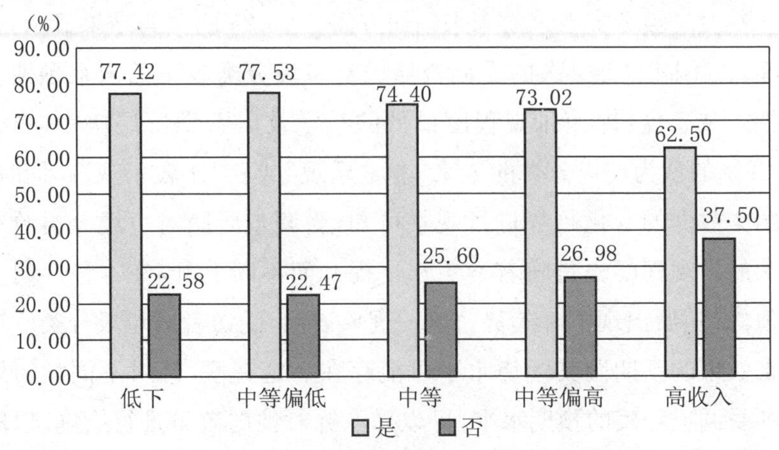


**图 5.26　垃圾分类政策知晓度的收入差异**

在对垃圾分类试点城市中的垃圾混装混运现象的感知方面，各收入层次的受调查居民中认为存在垃圾混装混运现象者所占的比重普遍低于认为该现象不存在的受调查居民的整体占比：即使在认为当地存在垃圾混装混运现象占比最高的中等收入群体中，持这一观点的比重也仅有 49.31%，仍未超过半数。而对垃圾分类政策知晓度较高的低收入和中低收入群体，却普遍认为其居住城市不存在垃圾混装混运的问题：其中，低收入群体中持该观点的占 43.86%，中低收入群体中持该观点的则为 46.92%。由此可见，垃圾混装混运感知在收入层次上的确存在一定程度的差异。

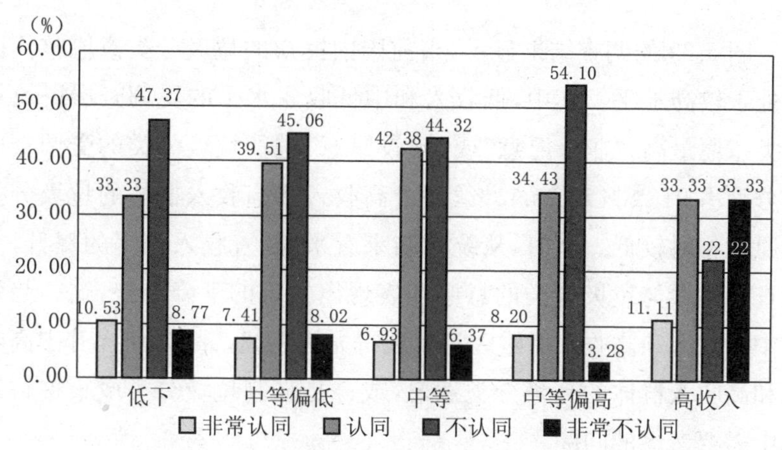


**图 5.27　垃圾混装混运现象感知的收入差异**

图 5.28 的数据显示，垃圾分类试点城市居民对当地垃圾分类效果的评价整体而言以正面评价为主。即使是整体评价最低的低收入群体，认为当地垃圾分类效果“非常好”或者“还可以”的受调查居民所占比重也超过了半数(52.54%)；在整体评价最高的中等收入群体中，对当地垃圾分类效果持正面评价(“非常好”/“还可以”)的占 67.05%。评价最高的群体和评价最低的群体间的正面评价比重之差为 14.51 个百分点。此外，从图中数据看来，低收入和高收入群体对当地垃圾分类效果评价都相对较低，而收入处于中等水平左右的受调查居民对垃圾分类效果的评价则相对较高。

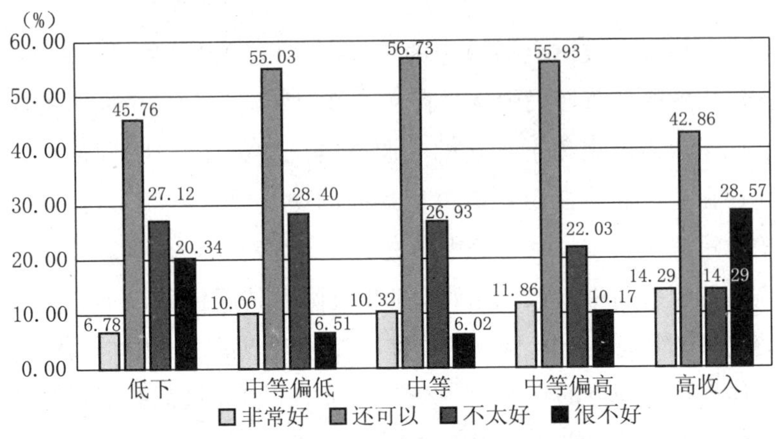


**图 5.28　垃圾分类效果评价的收入差异**

图 5.29 的调查结果显示，当前国内民众的垃圾分类意愿整体而言处于较高水平。其中，低收入和中低收入水平的受调查居民垃圾分类意愿最高，“非常愿意”或“比较愿意”进行垃圾分类的受调查居民分别占 91.28%和 95.13%，而中高收入和高收入群体的垃圾分类意愿则相对较低。同时，从统计结果看来，随着收入水平的提升，受调查居民参与垃圾分类的意愿却表现出一定的下降趋势，这一趋势在中高收入和高收入群体区间表现得尤为明显。故如何提升中高收入和高收入群体的垃圾分类意愿，或许是强制垃圾分类政策推行过程中需要考虑的问题之一。

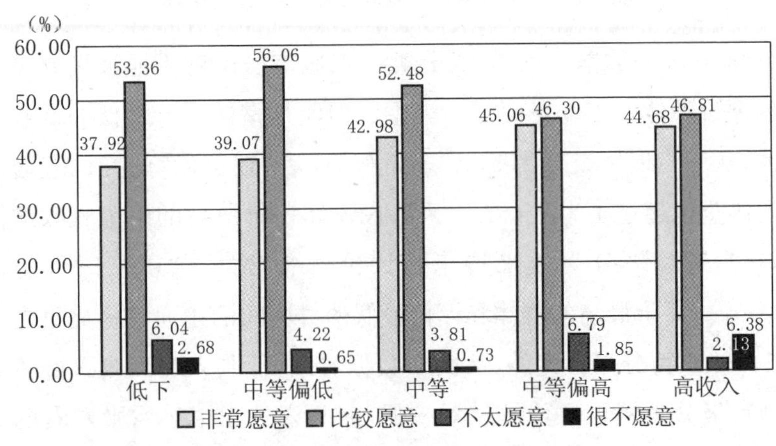


**图 5.29　垃圾分类意愿的收入差异**

最后，在垃圾分类政策预期的收入差距方面，图 5.30 的统计结果显示，除高收入群体外，其他群体对垃圾分类未来的效果普遍表现出明显的乐观态度。其中，中等收入群体对垃圾分类政策的未来效果最为乐观，持积极预期的受调查居民占 85.41%；与其他群体相比，高收入群体对垃圾分类政策的未来效果的预期相对消极，持乐观态度的也仅占 80.85%，低于中等收入将近 5 个百分点。而对数据变化趋势的观察则表明，从中高收入群体到高等收入群体的垃圾分类政策预期存在明显断层。该断层也存在于此前其他测量指标当中。这一现象或许有待深入探究。

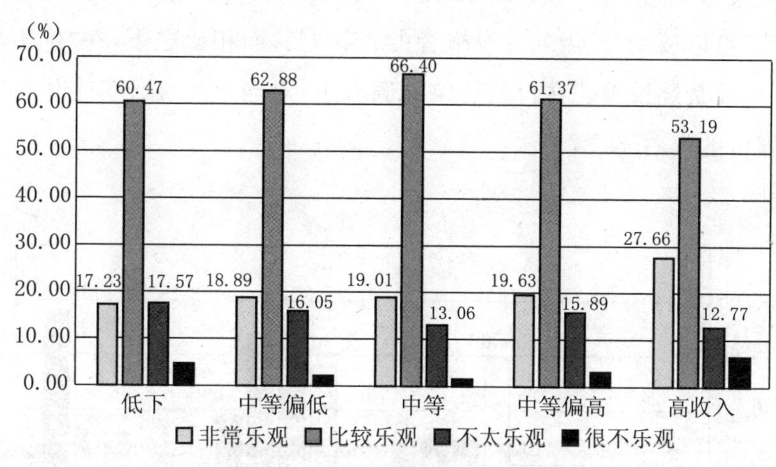


**图 5.30　垃圾分类政策预期的收入差异**

## 第四节　邻避情结对居民垃圾分类态度的影响

近年来，邻避运动日益频发，并对社会秩序与城市治理格局产生了明显的影响。而回顾历次重大邻避事件可知，大多由垃圾焚烧处理设施引发。从这一角度来说，强制垃圾分类政策的推行也与垃圾焚烧设施造成的邻避事件与日俱增存在一定关联。毕竟，从本质上来说，垃圾处理必然产生相应的社会成本，垃圾焚烧与分类不过是分担以上社会成本的两种方式。不同之处在于,其中前者是将政府作为直接承担者,而后者则是将垃圾处理的社会成本分担到所有市民头上。那么,随着"垃圾围城"问题日益严峻、由垃圾焚烧设施引发的邻避冲突不断增加的情况下,作为个体的城市居民是否会出于对垃圾焚烧设施的排拒更加倾向于支持强制垃圾分类?本节主要通过分析邻避情结对居民垃圾分类态度的影响,从而对上述问题作出回答。

图 5.31 中的数据显示,居民对垃圾分类工作的评价与其对垃圾处理设施的接受程度似乎存在一定关联,对当地垃圾分类工作评价越高的受调查居民,也更倾向于接受垃圾处理设施。例如,在认为垃圾分类效果"非常好"或"还可以"的受调查居民中,选择"完全接受"或者"可以接受"垃圾处理设施者占 46.03%;而相比之下,在"绝不接受"垃圾焚烧设施建在自家后院的调查中,对当地垃圾分类工作持正面评价的仅占 41.37%。

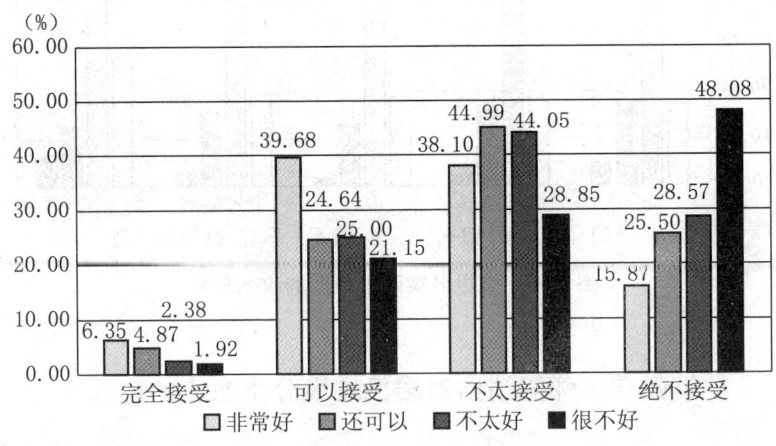


**图 5.31　居民垃圾分类评价与垃圾处理设施接受度**

图 5.32 中的统计结果表明,居民的垃圾分类意愿同样与其对垃圾处理设施的接受程度存在一定关联。但与既有预期的不同之处在于,垃圾分类意愿较高的居民,对垃圾处理设施的接受程度也较高:在"非常愿意"或"比较愿意"进行垃圾分类的受调查居民中,对垃圾

处理设施持接受态度者分别占 34.47%和 28.75%；而在持“很不愿意”进行垃圾分类的类似态度者仅占 22.85%。

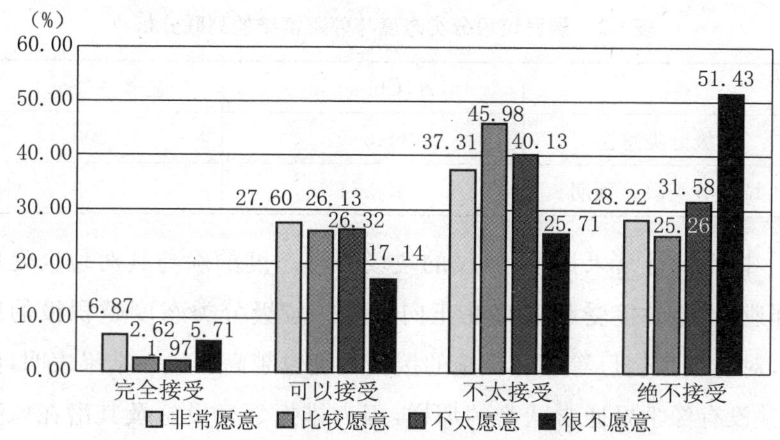


**图 5.32　居民垃圾分类意愿与垃圾处理设施接受度**

根据图 5.33 中的统计结果，居民对垃圾分类政策的预期同样与其对垃圾处理设施接受程度存在关联。居民对分类政策的未来预期越乐观，其对垃圾处理设施的接受程度也越高。在认为垃圾分类政策的未来效果“非常乐观”的受调查居民中，愿意接受垃圾处理设施者占 40.06%；反观对垃圾分类政策未来效果持悲观态度的则占 21.06%。两者差距接近 20 个百分点。

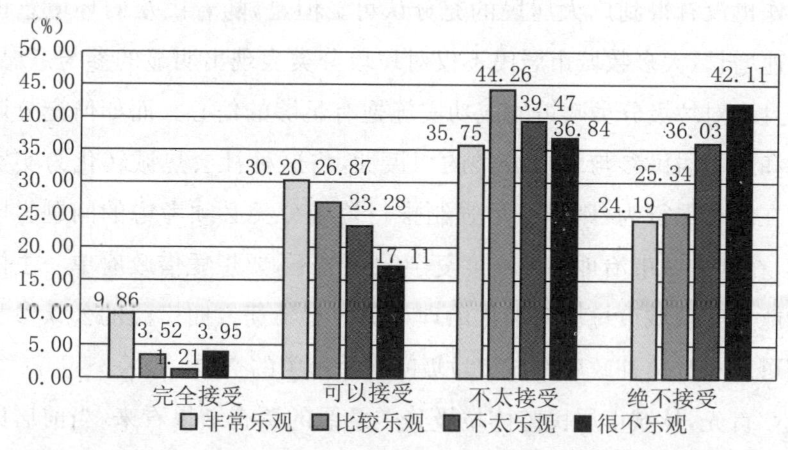


**图 5.33　居民垃圾分类政策预期与垃圾处理设施接受度**

为了进一步检验以上观察结果,本轮研究对居民垃圾分类态度与垃圾焚烧设施接受程度进行了列联分析。具体结果如下表所示。

**表 5.2　居民垃圾分类态度与邻避情结的列联分析**

| | 卡方(Chi-square) | 显著性(Sig.) |
|---|---|---|
| 垃圾分类意愿 | 65.671 | 0.000 |
| 垃圾分类政策预期 | 102.54 | 0.000 |

以上统计结果显示,居民的垃圾分类态度的确与其对垃圾处理(邻避)设施的接受程度存在正向关联。垃圾分类态度越积极的居民,对垃圾焚烧厂等邻避设施的接受程度也越高。这一结果表明,民众并没有像学界通常认为的那样,因为排拒邻避设施及其潜在风险而被迫支持强制垃圾分类政策。恰恰相反,环保意识较强的居民不仅愿意进行垃圾分类,而且也更能够接受垃圾处理设施等邻避设施。

## 第五节　小　　结

整体而言,当前国内强制垃圾分类工作仍处于起步阶段。不仅民众对垃圾分类的知晓度还有待提升,而且各主要城市的垃圾分类工作也没有得到广大居民的充分认可。但是,随着民众的环境意识迅速增长,大多数城市居民不仅对垃圾分类表现出明显的参与意愿,而且也对垃圾分类政策的成功实施抱有足够的信心。而如何充分调动和运用居民参与垃圾分类的积极性,将这种社会热诚转化为实实在在的环保行为,则是今后强制推行垃圾分类必须考虑的问题。毕竟,在国内城市治理环境高度复杂的情况下,要想凭借政府单一主体的能力实现城市垃圾精细化治理难免力有不逮。而广泛的公众参与则可以充分填补政府在城市垃圾问题治理中的空白。

首先,从城市居民整体垃圾分类意愿的调查结果看来,当前居民虽然对垃圾分类表现出充分的热情(94.6%的居民表示“非常愿意”或者“比较愿意”参与垃圾分类），并对强制垃圾分类政策的未来推行状况普遍持乐观态度（83.3%的受调查居民认为强制垃圾分类的前景“非常”或“比较”乐观），但仍有大量居民对垃圾分类缺乏明确认识，且垃圾混装混运的现象也较为普遍。以上统计结果全面展现了国内垃圾分类起步阶段民众参与热情与垃圾分类缺乏规范并存的社会现实。而如何引导和规制民众的行为，使垃圾分类标准更加简单明了、管理规范更加清晰有效，则是今后一段时间内垃圾分类政策推行的重点之一。

其次，本轮调查的结果同样表明，垃圾分类存在明显的地域差异。一方面，南方城市和北方城市、沿海城市和内陆城市的经济发展以及城市治理水平的差异同样延伸到了垃圾分类领域。南方城市、沿海城市和风景旅游城市居民的垃圾分类意愿和对所在城市垃圾分类工作的评价要明显好于北方城市、内陆城市和工业城市。另一方面，在进行过垃圾分类试点的城市和未进行过垃圾分类试点的城市之间，居民的垃圾分类态度同样存在差异。试点城市的居民虽然对当地垃圾分类工作评价较高，但由于种种原因，对垃圾分类政策的未来预期却要低于没有进行垃圾分类试点的城市。而如何减少居民在垃圾分类态度方面的地域差异，确保垃圾分类政策的全面推行，也是城市垃圾问题治理在宏观层面需要考量的因素。

此外，不同社会群体在垃圾分类方面同样存在明显差异：通常而言，女性比男性的环境亲和度更高，对垃圾分类的整体态度和政策预期也更加积极。年龄因素仅对垃圾分类态度的个别指标存在影响，其全局影响仍然相对有限。虽然学历与收入因素对居民垃圾分类态度的影响大致符合“学历越高、收入越高者垃圾分类态度越积极”的整体预期，但从具体区间的调查结果看来，也存在部分高学历、高收入区间的受调查居民垃圾分类态度不升反降的现象。总的来说，个体特征对居民垃圾分类态度的影响还是符合既有理论预期的，但是其中出现的代表社会群体垃圾分类意识出现异化的特异值与极端值显然需要引起注意。而根据个体垃圾分类态度的差异性,有针对性地引导其参与垃圾分类,显然是一种有效的政策推行策略。

最后,在邻避情结对居民垃圾分类意愿的影响方面,本轮调查结果表明,不同于人们的传统观点,民众并不是出于对垃圾焚烧厂等邻避设施的排拒心理而被迫支持强制垃圾分类。事实上,居民的垃圾分类态度和对邻避设施的接受程度都受到其环境意识的影响。环保意识较强的受调查居民,不仅对垃圾分类持积极态度,而且与普通受调查居民相比,更愿意理性地看待垃圾焚烧厂引发的邻避问题,并可以在一定的前置条件(例如采用先进技术、动态公开运行状况)下接受其建在自家后院。由此可见,提升公众的环保意识,不仅可以提升其参与垃圾分类等环境治理活动的积极性,也有助于为邻避设施选址规划等的环境问题治理的社会成本分担协商创造良好的政社沟通条件。

总之,在强制垃圾分类政策推行的起步阶段,虽然从调查结果看来,各种问题和挑战都在所难免,但民众的环保意识、积极的垃圾分类态度以及乐观的垃圾分类政策预期都将成为克服以上阻碍的必要动力和社会支持。同时,调查结果还表明,提升民众的环保意识,不仅有助于提升其垃圾分类意愿,而且也能提升其对垃圾焚烧设施等邻避设施的接受程度。这在城市垃圾问题迫切需要前端分类与后端处理共同发力的情况下,显然有积极意义。综上所述,从居民垃圾分类态度与相应邻避情结的民调结果看来,充分调动和引导民众参与垃圾分类与城市垃圾问题治理的积极性,应对强制垃圾分类推行过程中遇到的各种挑战,将是实现全面垃圾分类长效化、规范化的必由之路。

# 第六章　政策建议

党的十八大以来，生态文明建设的重要性被提升到了前所未有的高度，并引起了各级政府部门的空前重视。随着政府对环境问题治理以及生态文明建设的投入不断增长，我国整体环境质量也有了明显改善。生态文明建设成果惠及广大人民群众，也使得公众的环保意识逐渐觉醒，对当地环境质量与政府生态文明建设工作的评价出现显著提升，并且对各种环保活动与生态文明建设表现出较高的参与意愿，2019年中国城市居民环保意识调查的结果也证实了这一点。上述生态文明建设的阶段性成果，特别是公众对生态文明建设的认可与支持，无疑是今后深入推进生态文明建设工作的坚实基石。

我们也不得不看到，调查结果同样表明未来生态文明建设仍然面临着诸多问题与挑战。虽然这些困难在具体实践层面不尽相同，但其本质可以概括为经济发展水平与地域差异造成的生态文明建设进程的不平衡问题，由于环境问题具有"牵一发动全身"的整体性，所以要想真正取得生态文明建设的全面胜利，必须通过各种综合性治理手段弥合上述差异。

有鉴于此，本章首先根据本次民调数据，对当前国内生态文明建设取得的阶段性成果进行回顾，并分析各项成果为生态文明建设带来的后继优势；同时，也对民调数据中反映出的主要问题进行解析，并推测由此可能产生的潜在挑战；最后，综合当前生态文明建设中的问题和挑战，并在此基础上提出未来深入推进生态文明建设的政策建议。

## 第一节　生态文明建设的阶段性成就

当前国内生态文明建设的阶段性成就主要表现在三个方面:第一,重大环境问题得到纾解或治理,整体环境质量与民众环境评价提升;第二,政府的环境治理工作制度化、规范化以及治理绩效得到社会认可;第三,民众的环境意识出现明显提升,对环境治理的参与意愿持续增强。以上成就意味着生态文明建设一方面切实改善了生态环境质量,并且为后继的治理工作奠定了基础;另一方面,取得了民众的普遍认同,为民众参与生态文明建设工作打开了局面。

首先,重大环境问题得到纾解或治理,整体环境质量与民众环境评价提升。从国内民众对环境质量的评价看来,各项污染治理攻坚战的确取得了阶段性的胜利。受调查居民对所在城市的综合污染度及污染对自身健康的影响程度的评分持续降低,认为环境整体污染程度较为严重的居民占比从 2017 年的 58.64%下降到 38.19%;认为环境污染对自身健康造成明显影响的受调查居民占 33.20%,显著低于 2017 年的 51.39%。对饮用水与食品安全程度的评价则不断提升:认为当地饮用水与食品"比较安全"的受调查居民分别占 75.27%和 69.77%,高于以往任何一次调查。上述数据反映出全国各地重大环境问题得到有效治理与环境质量得到了切实改善,从 2019 年度的民调数据看来,生态文明建设的成果已经开始惠及社会公众,民众已经深刻感受到生态文明建设工作带来的巨大变化。生态文明建设在环境问题治理与城市人居环境质量改善方面的成效,则是获取民众认同和支持的根本原因,随着今后生态文明建设的深入化、精细化,需要民众支持甚至参与的方面只会有增无减,同时广大民众的认可和支持也是未来生态文明建设持续推进的必要条件。

其次,政府的环境治理工作制度化、规范化以及治理绩效得到社会认可。从广大调查对象对其所在地政府的整体环保工作评价看来,各级政府在生态文明建设中的努力也取得了居民的认可。调查结果表明,民众不仅对政府环保绩效和治理环境问题的能力预期仍然保持在高位水平(对政府环保工作效果与未来预期持正面态度的受调查居民整体占比均超过70%),而且受调查居民对政府环保信息公开工作的评价更是出现了显著提升,从往期的57.06%提升到69.98%。以上现象一方面表明,当前生态文明建设取得的成就的确与各级政府的努力密不可分,另一方面也表明政府已经在一定程度上意识到法治化、规范化对生态文明建设工作的重要性。生态文明建设法制化与规范化的健全既是巩固阶段性成果的重要支撑与保障,也是重塑生态文明建设领域政社关系、建立多元共治体系的必要前提。

最后,民众的环境意识出现明显提升,对环境治理的参与意愿持续增强。民众环保意识的增强与环保行为力的提升也是当前生态文明建设的重要阶段性成果。随着生态文明建设初步取得成效,其成果也开始惠及广大民众,人民要求改善环境质量的诉求得到生态文明建设成果的回应,关注环境问题且愿意参与到环境治理中去的民众数量也会不断增加。本轮民调结果表明,受调查居民对诸如空气污染、PM2.5等各种环境问题的知晓度、为环保捐款或做义工等的贡献意愿以及参与垃圾分类和自带购物袋等的环保行为倾向与往期调查相比均有不同程度的提升。调查数据显示,PM2.5的知晓度为67.45%,为历次最高水平;受调查居民的环保贡献意愿超过80%,73.15%的受调查居民愿意为环保捐款,82.8%的受调查居民愿意为环保做义工。以上种种表明,民众的环境意识随生态文明建设工作的推进出现了显著增长,越来越多的居民不仅关注、知晓各种环境问题,而且也有意愿参与到具体的环境问题治理当中。随着生态文明建设的不断深入,如何充分调动社会公众的力量参与生态文明建设,将是未来一定时期内生态文明建设面临的主要问题之一,但是目前民众表现出的积极态度显然有助于这一问题的破解。

## 第二节 生态文明建设面临的主要挑战

虽然目前国内生态文明建设已经取得一定的阶段性成果,并为后继工作的开展提供了良好的条件,但调查数据同样表明,生态文明建设依然存在许多问题,面临着各种挑战。从调查数据看来,生态文明建设工作面临的主要问题是由社会发展水平和地域差异而引发的生态文明建设进度的失衡问题。这种失衡具体表现为:第一,生态文明建设水平的地域失衡扩大化;第二,不同生态文明建设领域的进度失衡;第三,民众环保行动力亟待提高。如何解决上述失衡带来的潜在问题,则是今后生态文明建设面临的主要挑战。

首先,生态文明建设水平的地域失衡扩大。从本次调查数据看来,不同城市的居民对同一指标的评价差异与往期相比出现了明显扩大,不论是民众对当地环境质量与污染程度、对政府环保工作的评价,甚至受调查居民的环保意识都有存在上述现象。以常见的南北差异为例,在本轮调查中,综合环境污染最轻的十座城市中的北方城市从 2017 年的 3 座减少为 1 座;而综合环境污染最重的十座城市中,南方城市则从 6 座减少到 2 座,不同地区在生态文明建设进程上的差异由此可见一斑。虽然在当前国内地域发展差异显著的情况下,生态文明建设进程存在差异也属正常现象,但倘若放任这种差异扩大,显然会进一步加剧区域间发展的不平衡性。所以有必要采取措施防止地域间生态文明建设差异的进一步扩大,防止生态状况与环境质量出现地域断层。

其次,生态文明建设不同领域失衡性显著。在调查数据中,这一失衡具体表现为指标间的增速差异扩大。例如,在环境质量感知中,公众对饮用水安全的评价提升速度明显快于对食品安全的评价,即使在考虑到两者治理难度差异的情况下也是如此。以上现象的出现,意味着生态文明建设在经历了起步阶段的快速推进后,各领域不仅出现了新生差异，且原有差异也表现出扩大趋势。如何维持生态文明建设不同方面的均衡发展，避免“短板效应”，则是生态文明建设后继规划中必须考虑的问题。

最后，民众环保行动力亟待提高。从民调数据看来，民众的环境意识与环保行为倾向较往期调查而言仍有一定提升，目前来看，提升已趋近饱和，说明民众环保意识已经提高到相当高的层次，如本次调查的分析结果显示，收入因素并不能显著影响城市居民的自带购物袋意识、环保贡献意愿、环保义工意识以及对烟花禁燃政策的支持度，说明上述议题已经成为民众的共识性议题。但是与此同时，民众的环保行动力仍亟待提高，以垃圾分类为例，数据显示高达 94.6%的民众表示愿意进行垃圾分类，但是现实情况来看，垃圾分类工作的执行情况并不乐观，环保意识与环保行动力之间的鸿沟依然存在。

## 第三节 生态文明建设的对策与建议

通过回顾和分析本轮调查的结果可知，当前国内生态文明建设虽然在各方面取得一定成就，也得到民众的认可与支持，但在经历了起步阶段的快速增长后，也面临着不同方面进度失衡的问题。因此，随着生态文明建设不断深入，针对各项问题实施精细化治理，从而弥合以上领域中的失衡问题，则是未来生态文明建设的可能走向之一。基于上述思路，本章分别从以下几方面提出相应的对策建议：

首先，强化生态文明建设的专项治理工作。民调数据表明，当前民众对环境质量、政府环保工作评价的提升，以及环保意识的增长，都建立在生态文明建设的持续推进的基础上。而这些社会支持与认同对生态文明建设显然有着重要意义。因此，有必要在今后继续推进和加强生态文明建设。近年来开展的各种污染专项防治攻坚战的成功经验表明，针对民众关注的焦点性问题开展专项治理，及时回应民众对生态文明建设的诉求，可以有效提升民众对生态文明建设的认同与支持。因此,在今后的生态文明建设中,有必要建立相应的民众诉求收集机制,及时分析公众对生态文明建设的诉求并进行精准回应,从而为之后深化生态文明建设的精细化治理奠定良好的群众基础。总之,持续加强和推进生态文明建设,既是争取公众参与和支持的重要条件,也是实现在动态发展中弥合当前生态文明建设中的失衡点的必要前提,是所有相关工作的基石。

其次,完善生态文明建设的区域协同机制。针对当前生态文明建设中的失衡问题,应当综合规划、统筹全局,建立不同地区、领域间的协调机制,尽可能地避免“木桶效应”造成的负面影响。如前所述,生态文明建设中的失衡问题主要源自不同地区、不同领域的发展失衡问题。那么通过统筹规划,确保发达地区与欠发达地区之间、优势领域与不足领域之间形成资源互补,便能相应地弥合由此产生的失衡问题,补齐生态文明建设的“短板”或至少一定程度上避免以上地域、领域间的差异进一步扩大。此项措施的目的在于最大限度地填补生态文明建设在快速推进过程中产生的“缝隙”,消除深化生态文明建设的各种隐患,避免其发展为深化生态文明建设的阻碍。互补机制的建立,一方面需要加大对相对落后地区、领域的资源投入,从而弥补由资源不平等造成的生态文明建设失衡;另一方面则需要在现有的各种协同治理机制的基础上,吸收各种成功经验,建立起制度化、规范化的协同治理规章,确保资源、优势互补常态化,最终使生态文明建设的方方面面做到协调发展,齐头并进。

第三,深入推进生态文明建设的法制化进程。由于政府既是生态文明建设的主导者,也在各项具体环境问题治理中扮演着重要角色,所以有必要进一步加强政府环境治理与生态文明建设工作的法制化和规范化进程。从民调数据看来,加强环保相关工作的法制化与规范化建设,不仅有助于提升环保相关决策的质量,确保各项环境治理工作有法可依、执法必严,而且也可以有效提升公众对生态文明建设的认同与未来预期。鼓励民众依法表达自身对生态文明建设的诉求，并有序参与到生态文明建设中去，也是生态文明建设法制化、规范化的重要目的。

最后，建立生态文明建设的多元参与机制。在社会整体的环境意识与环保意愿持续加强，但不同社会群体在环保态度与行为倾向上的差异性日益明显的情况下，有必要在采取针对性动员策略的同时，建立起包容性的民众参与制度。如前所述，生态文明建设的深化与环境问题治理的精细化离不开广泛的民众参与。唯有建立具有足够包容性的参与制度，根据不同社会群体的偏好采取针对性的社会动员策略，才能在不降低民众环保热情的情况下最大限度地吸纳民众参与，并为生态文明建设的深入推进提供充足的社会支持。同时，通过组织制度化、常态化的公众参与，也有助于集民智、聚民心，将民众在环境问题治理中发挥出的智慧和成功经验吸收到深化生态文明建设中去，从而有效应对生态文明建设中遇到的各种困难和挑战。生态文明建设理当跳脱出传统单一主体治理的窠臼，以全新的共建共治体系凝聚多元社会中不同治理主体的力量，开创全新的公共问题协商治理模式。

总之，生态文明建设的对策建议根本在于运用上一阶段取得的优势，在动态发展过程中解决各种问题，查清潜在隐患。具体而言，就是基于生态文明建设已取得的阶段性成就，针对生态文明建设中的差异扩大与失衡问题，在保持生态文明建设持续推进的情况下加强法制规范建设，鼓励民众参与，充分调动运用广大人民群众对环境问题的关注以及参与环境问题治理的积极性，建立环境问题与生态文明的共建共治体系，通过对各种具体环境问题的精细化治理弥合此前产生的各种失衡问题，最终深化生态文明建设。相信随着生态文明建设的持续深入，其成果也会进一步惠及广大人民群众，实现“绿水青山就是金山银山”的美好愿景。

**图书在版编目(CIP)数据**

中国城市居民环保态度蓝皮书.2020/钟杨主编
.—上海:上海人民出版社,2020
ISBN 978-7-208-16481-9

Ⅰ.①中… Ⅱ.①钟… Ⅲ.①城市-居民-环境保护
-环境意识-调查报告-中国-2020 Ⅳ.①X24

中国版本图书馆CIP数据核字(2020)第085763号

**责任编辑** 刘林心
**封面设计** 夏 芳

**中国城市居民环保态度蓝皮书(2020)**
钟杨 主编

| | |
|---|---|
| **出 版** | 上海人民出版社<br>(200001 上海福建中路193号) |
| **发 行** | 上海人民出版社发行中心 |
| **印 刷** | 上海商务联西印刷有限公司 |
| **开 本** | 635×965 1/16 |
| **印 张** | 12.25 |
| **插 页** | 4 |
| **字 数** | 157,000 |
| **版 次** | 2020年6月第1版 |
| **印 次** | 2020年6月第1次印刷 |

ISBN 978-7-208-16481-9/X·4
**定 价** 59.00元